华中科技大学建筑与城市规划学院·十二校联合毕业设计

2019 第二届大健康建筑领域联合毕业设计课程

The second joint graduation design course in the field of healthy environment, 2019

旧城新"院"

——集体记忆下的健康社区养老模式与空间解析

Renovation of the enterprise DANWEI courtyard

Healthy community pension model and spatial analysis from the collective memory

刘　晖　谭刚毅　主编

中国建筑工业出版社

编委会

主 编

刘 晖 谭刚毅

编 委

（按姓氏笔画排列）

卫大可 王 飒 王 琦 石 英 付 瑶 白晓霞 曲 艺 刘 晖 刘九菊 严 凡
李翔宇 连 菲 张 圆 张 倩 张 萍 林文洁 周 博 郝晓赛 胡惠琴 祝 莹
戚 立 程晓喜 舒 平 谭刚毅

支持单位

北京工业大学	北京建筑大学	重庆大学	大连理工大学
东北大学	河北工业大学	华中科技大学	哈尔滨工业大学
清华大学	沈阳建筑大学	西安建筑科技大学	西南交通大学

支持协会

中国建筑学会适老性建筑学术委员会

序　言

　　本书源自"2019第二届大健康建筑领域联合毕业设计课程"，成果集萃与回顾总结的性质兼具。作为一名在一定程度上参与了此项课程的老教师，愿借此机会与读者分享一下我对此次教学课程的一点感想。

　　首先，此次12个院校组织在一起进行的"联合毕业设计"，作为一项建筑学专业教学改革实践，应当说取得了巨大的成功。参与的教师有机会了解其他学校的教学理念、教学风格和教学方式，对于提升和改进自身的教学水平可以起到良好的启发和借鉴作用。参与的学生一方面受到了更多老师的指点，开阔了眼界；另一方面在无形中的竞争意识与集体荣誉感的驱动下学习热情高涨，学习成效大大提升。

　　其次，"新旧之间·老城区社区中的颐老院儿"这一题目设定精当，契合了多方面的教学需要，尤其重要的是以下两点：一是适应了应对老龄化社会的国情需要。自2000年进入老龄化社会以来，我国老龄化程度持续加深，国家对此十分重视，十九届五中全会明确提出了"实施积极应对人口老龄化国家战略"。联合毕业设计的主题设定为在退休职工集中居住的老旧城区建设老年综合福祉服务中心，是一个集规划与建筑设计于一体的实践项目，对于参与者而言是一个完整的系列训练课题，很好地弥补了当前建筑设计教学中在此类方面的不足。二是适应了培养学生树立"以人为本"设计理念的需要。建筑说到底是为使用者服务的，树立"以人为本"的设计理念非常重要。但年轻学子往往胸怀大师梦，容易偏向追求突出特色和彰显个性，而这类以新奇概念为主导的设计理念往往在现实中落不了地。老年设施的规划建筑设计恰恰是一个必须把"以人为本"设计理念体现到极致的领域，没有对现实社会和老年人群体居住需求的深刻理解就不可能做出好的设计。将其作为毕业设计的题目，对于即将完成本科学业的建筑学子而言，无疑有助于其形成正确的设计观和社会认知，可谓是恰逢其时。

　　联合毕业设计有着上述以及更多的可圈可点之处，但对于各校指导教师（即本书全体编委）而言却意味着更多的时间与精力投入，特别是执行院校的负责教师（即本书主编）更是必须付出加倍的辛勤与心血。在此谨向他们致以崇高的敬意。

　　本书不仅汇总了此次联合毕业设计的优秀作品，还收录了多位指导教师总结其教学心得体会的精彩文章，是一本有价值的作品集。不仅可供从事养老设施规划设计的业内人士参考，对于今后仍将持续举办的联合毕业设计，也将成为一个良好的范例。

周燕珉

2020年岁末于清华园

前　言

　　我们是否生活在同一个世界？四年前，在一次社区营建的设计教学中，我指导的一组学生关注到社区中生活有很多患有阿尔茨海默症的老人。通过调查研究，学生们初步了解了这些老人的生活习性、生理特点、心理状况，其中一些学生去做义工进行陪护，其中一位同学有医院的临终关怀志愿者经历。她们发现并深切地感受到，这些老人（或病人）并不仅仅是记忆障碍、失语……而是这些老人所感知和"生活"着的世界是跟我们不同时空的世界，或者说是不同物象的世界，犹如"楚门的世界"。学生们通过设计在老人现实生活环境中再造或还原另一种意义的"楚门的世界"，为老人平安和有尊严地生活提供可能。在教学过程中无论是小组讨论，还是公开评图，这组同学表述的生动细节、具有同理心的思考以及在综合研究后具有人性关怀的设计，无不令所有的师生动容。后来，这组同学进一步完成了论文《楚门的世界——失智老人的社区环境改造思考与探索》。论文获奖其实并不足道，对待建筑、环境及其使用主体的态度和方式更值得称道。设计和研究背后的价值观是今天的设计和设计教学中尤其值得关注的。

　　正是基于这种思考，哈尔滨工业大学、同济大学与华中科技大学共同发起，携手东南大学、清华大学、北京工业大学等院校的建筑学专业共同成立了"大健康建筑联合毕业设计联盟"。通过医养建筑、适老性设计、健康城市和健康建筑等设计选题，引导学生关注社会，关爱老人、儿童和社会弱势群体，以专业智慧回报社会。同时促进建筑院校之间师生的交流，丰富毕业设计的内容，拓展问题设计，促进深度学习，提升毕业设计作品的水平。这种专题性的研究设计教学平台的搭建有助于我国建筑院校的教师和学者更好地科教融合，术有专攻。同时引入社会力量，加强与中国建筑学会的专业学术组织和相关企业、部门之间的联系，力求能更好地产教融合。通过持续的教学和宣传报道，引导民众关注和重视养老等社会民生问题，这也是响应国家的健康中国战略。

　　本毕业设计联盟是开放的，教学组织也是兼容并蓄的，交流和关爱是主旋律。开题由执行院校组织。除现场踏勘外，需要提交详细的设计任务书和基础资料。开题建议组织小型的大健康专题的学术研讨活动，主要参与者是联合毕业设计的师生。新加入院校的指导教师需要在专题研讨活动上发表大健康主题的研究或相关的设计教学报告。中期评图除进行公开评图外，建议承办方邀请指导老师或其他相关学者或行业专家，指导学生进行设计修改和优化，让学生能得到其他院校教师的指导。终期毕业答辩兼顾各校毕业答辩时间上的要求。除指导教师外，建议邀请业主、专家和媒体参加公开答辩。

　　交流不仅是十余个建筑院校师生之间的交流，同时也是不同专业、行业之间的交流。这既是这种类型建筑（姑且算是大类）设计的需要，也是学科发展的需要。关爱的主旋律也是如此。健康是人们越来越关注的问题，随着人均寿命的增加和生育率的持续降低，老年人口所占比例进一步加重，人口老龄化已成为全球共同面对的挑战。健康建筑的设计、"为老设计"是未来的发展趋势，设计者应该关注我国的健康中国的战略规划、养老政策，为其提供专业服务。

　　建筑通过社会使用方可真正确立其价值，进而反过来"塑造"社会，促生关联，有效地影响经济、社会的方方面面。建筑设计作为一个社会生产过程，通过恰当使用，最终获得贯穿建筑全生命周期的意义和价值。所以只有细心观察、贴心考虑、耐心分析、用心设计，才能形成"走心"的设计。设计回到细微的生活本身，建筑设计尤其是大健康的建筑设计，应是伦理大于审美，而不是"沉溺于甜美的形式"，从图像学的世界，回归情感的、真实的世界。

谭刚毅

2020 年 11 月 17 日

目　录

1 | 概述

- 基地介绍
- 教学组织

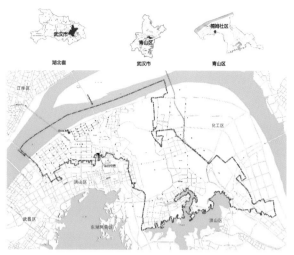

图1　区位背景

图2　基地位置（百度地图）

图3　场地实景1

图4　场地实景2

1.1　基地介绍

基地位于武汉市青山区工业四路和工业三路间的冶金街101街坊楠姆社区，周边社区成熟，交通比较便利，未来规划环境优美。基地具体位置为工业四路以东、随州街以南，主要由两部分用地构成：一部分用地内现已有并在使用的两栋老年公寓；另一部分为计控公司（现已搬迁）生产大院的旧址，其间大多数为20世纪70～90年代所建厂房、实验楼、办公楼及相关配套建筑。

区位背景

武汉·青山区：青山区常住人口54万，面积80.6万平方公里，位居中心城区第二，辖10个行政街道、1个经济开发区和1个管委会，共有83个社区、32个行政村。（图1）

青山·宝武钢：1954年，武汉市青山区建立武汉钢铁公司（现改名宝武钢），成为华中地区工业重镇。武钢承载了武汉的发展，成就了武汉的辉煌。

青山·红房子：青山红房子作为武钢人的灵魂居所，也是武钢发展的重要见证。九、八、七等街坊是武钢最早的家属区。2012年7月，武汉正式确定青山"红房子片"为武汉16大历史文化风貌街区之一（旧城风貌）。2000年以后，武钢生活区进行规划，大部分位于青山滨江商务区范围内，基本上整体复制了新西伯利亚工业区的模式。逐步发展至十六个街坊，总面积50万平方米，成为青山区街区的典型风貌。（图2）

青山·新发展：2017年，武汉市以长江新城、长江主轴和东湖绿心为主线，加快推进现代化、国际化、生态化进程。在武汉市新格局下，青山借力助推"一轴两区三城"的发展战略，从曾经的工业重镇"十里钢城"转型为生态宜业宜居的新青山区。

武汉市在1993年就进入老龄化社会。近年来，老龄化发展趋势更加明显。数据表明，武汉市老年人基数呈逐年递增态势，"十二五"以来，老年人口平均每年以5万左右的速度增长，充分显示出武汉市处于老年人口快速增长期。

各区老龄化程度差异明显，青山区老龄化程度达28.34%，为全市之最。

青山区三环以西属于主城区内老龄化极为严重的地区之一。1/3以上街坊属于中度老龄化（老龄人口＞20%），117个街区属于重度老龄化（老龄人口比例＞30%）。按照国家标准（每100人拥有3张床位）测算，共计需要约2000张床位的老年综合福祉服务中心。

青山区三环以西现有床位1052床，总体实现度不到50%。其中，市区级养老设施尚无，居住区级规划总体实现度仅25%。因此，应优先完善居住区级及以上的规模至少为1000张床位的养老设施。

场地现状

根据用地内建筑运行现状（图3），用地主要分为两部分（一期与二期）。一期（图4～图7）主要由健康活力老年公寓（1#）、老年公寓（2#）、办公楼（智慧养老控制中心）水泵房组成，并已投入运营。二期（图8，图9）内主要为计控厂区旧址，内部建筑均已空置，主要由食堂（3#）、厂房（4#）、办公楼（5#）、实验楼（6#）、员工活动中心（7#）和仓库组成。基地内建筑可分为一、二、三类，建筑高度为2～5层，最高23.7米。其中运营的老年公寓及配套水泵房为2017年所建。

注：一类建筑：原有建筑质量较好，不影响规划可以保留。二类建筑：原有建筑有一定保留价值，但建筑质量较差，平面使用不适宜等，需进行改造翻新。三类建筑：建筑质量差，易拆除的建筑。

此次设计将思考以下几个问题：

1. 如何让设计结合城市地域、人文、气候、行为需求等因素，打造与社区生活相融合的老年综合福祉服务中心？

2. 如何在对现有基地及建筑进行改扩建，使其尽可能满足老年人需求？

3. 如何进行精细化设计，以期在运营模式、家居设计、辅助设施等方面进行创新？

图5 场地实景3

图6 场地实景4

图7 场地实景5

图8 场地实景6

图9 场地实景7

旧城新"院"——集体记忆下的健康社区养老模式与空间解析

Renovation of the enterprise DANWEI courtyard   Healthy community pension model and spatial analysis from the collective memory

1.2 教学组织

[设计研究框架]

前期研究

场地现状资料 ➡️

| 专题研究 | 旧城区改造 —— 集体记忆 / 改造模式 |
| 适老化设计 —— 规范化设计 / 运营模式 |
| 设计方法 | 改造设计、空间转译 |

设计目的

➡️ 旧城新"院"

[联合教学组织框架]

理论教学	文献阅读 / 案例分析 关注问题：集体记忆 / 适老化设计 / 养老设施规范	春季开学：2019 年 2 月 25 日 各校
开题阶段 联合设计工作坊	场地认知 / 概念设计 教学内容：实例考察 / 养老现状调查 / 养老专题讲座 调研汇报	2019 年 2 月 25 日～3 月 2 日 武汉，华中科技大学
小组内部讨论		2019 年 3 月～4 月 各校
中期答辩 联合设计工作坊	深化设计 教学内容：任务书深化 / 提出设计关键问题 / 规划与建筑设计概念 中期汇报	2019 年 4 月 19 日～4 月 21 日 成都，西南交通大学
小组内部讨论		2019 年 4 月～6 月 各校
终期答辩	终期汇报 评图 / 颁奖 / 展览	2019 年 6 月 1 日～6 月 2 日 武汉，平和打包厂旧址（多牛世界文创中心）

建筑设计知识与能力的综合训练与考察

卫大可　连　菲[*]

教学进度安排

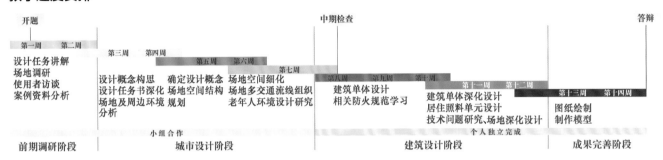

教学记录

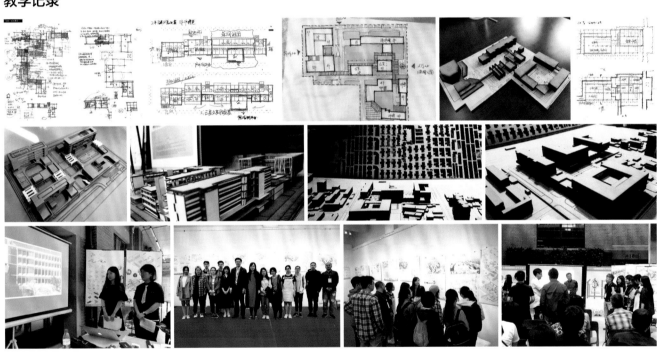

课题解读

设计题目为"城市社区老年综合福祉服务中心"，基地也位于居住区之中，但基地所在的青山区三环以西区域缺少区级以上尤其是市区级的养老设施。因而，基地应该是面向青山区的老年人提供专业养老环境与服务的地方，在此大的定位下，基地应与社区共享环境资源。

教学方法与达成目的

1. 研究能力与设计能力的综合训练与考察；

2. 城市设计、建筑设计、景观设计、室内设计多层次环境设计方法的综合训练与考察；

3. 老年人环境的专项设计与商业、医疗、办公等多项建筑空间设计的综合训练与考察；

4. 建筑空间、结构、消防疏散、设备等多项知识的综合训练与考察。

* 卫大可，哈尔滨工业大学，教授；连　菲，哈尔滨工业大学，副教授。

旧城新"院"——集体记忆下的健康社区养老模式与空间解析

Renovation of the enterprise DANWEI courtyard　Healthy community pension model and spatial analysis from the collective memory

教学组织

　　整个教学过程采用小组合作与个人独立工作相结合的方式。前半程，2～3个学生为一组，合作完成前期实地调研、资料收集、案例分析、策划工作，并且共同完成场地所在3公顷街区的城市设计部分。这个阶段的成果为小组成员共享，且城市设计结果应被各成员尊重和作为建筑设计阶段的基础。后半程，每个小组学生以本组城市设计成果为基础，个人选择约2万平方米的建筑单体进行建筑及周边场地设计，选择的建筑单体可以重复，但应根据个人设计理念进行差异化设计。

　　小组合作的过程非常有趣，有的组自始至终协作无间，分工、互助、讨论、决策都非常顺畅；有的组则在城市设计方案上产生了分歧，从最后每个人拿出的方案来看，分歧与差异更多的是具体形式上的，其空间模式仍然是一致的，这说明在城市设计阶段学生对于控制度的理解并不准确，容易从开始就陷入对具体形体的纠结上，设计对象只看到了实体，而不是对街区空间的控制。

　　学生们平时做东北寒冷地区的项目较多，在本次毕业设计选址武汉的条件下，无论是城市设计还是建筑设计环节都经历了再认识甚至颠覆性变化的过程。最终，5个小组从多个方向完成了对设计题目的解答。

教学成果

　　"虹之家"定位为社区老年服务设施与专业养老护理机构的结合，设计核心特色是——内街，考虑到老年人随着年龄增长对室内的依赖性日渐增加，在整个场地中贯穿一条主题街区，结合不同健康状况老年人的需求分区提供疗养、治愈、活动等不同功能与空间模式，并利用彩虹色区分不同区域和提供适当视觉刺激（图10、图11）。

　　Z同学的方案从失能、认知症老人的特征与需求出发，探索一种既满足社区服务需求又对失能、认知症老人提出针对性解决方案的建筑设计。在场地规划上，根据不同服务人群精确定义开放与不开放的区域，而不是泛泛地开放（图12）。

　　"红砖记忆"回应基地所在区域的武钢红房子特征，抽取大院特点——服务功能配套齐全、邻里归属感强、社交活动频繁，在场地布局上采用三个院落式布局，同时利用环路联系各个建筑，打破各院之间的隔阂，营造红砖大院记忆（图13）。

　　"Link"的设计目标不仅为老年人提供了养老居住空间，还为周边居家养老的老人、社区中的成人和儿童提供了功能丰富的活动场所。场地以一条中轴串联起不同的功能区块；中心的厂房被保留下来，它承担起融合养老院老人与社区居民的功能；场地边界打开，让社区人群进入场地内部。通过流线、界面、空间的变化，有选择地让老年人与社区居民发生联系，形成社区融合型的综合福祉中心（图14）。

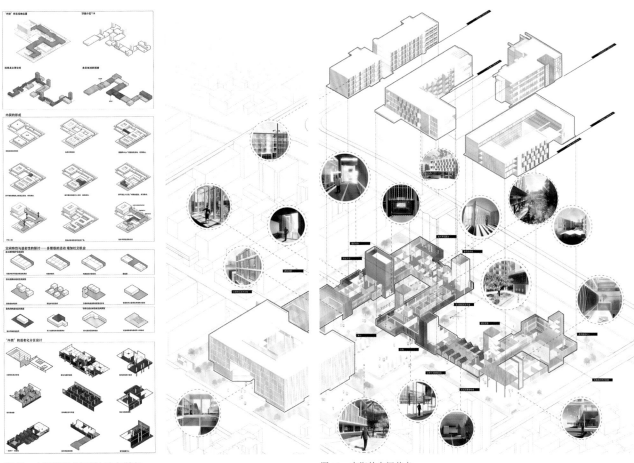

图 10　内街的形成机制与空间特征

图 11　内街的空间节点

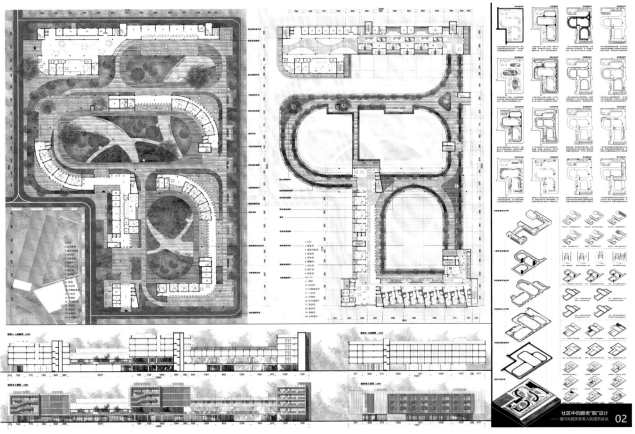

图 12　场地规划

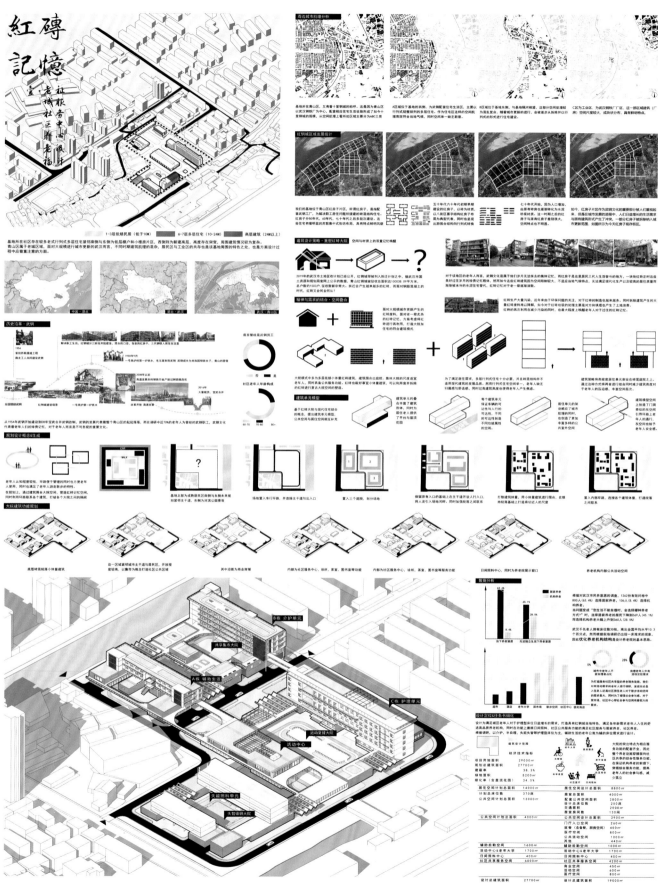

图 13　院落式红砖记忆

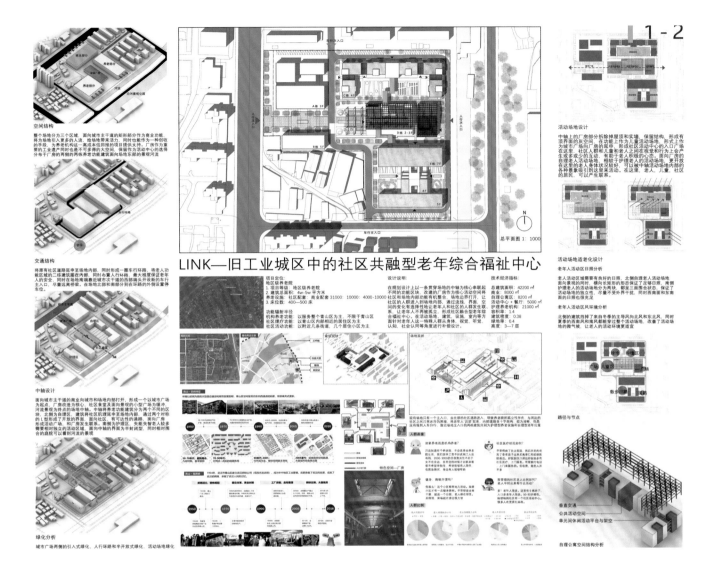

LINK—旧工业城区中的社区共融型老年综合福祉中心

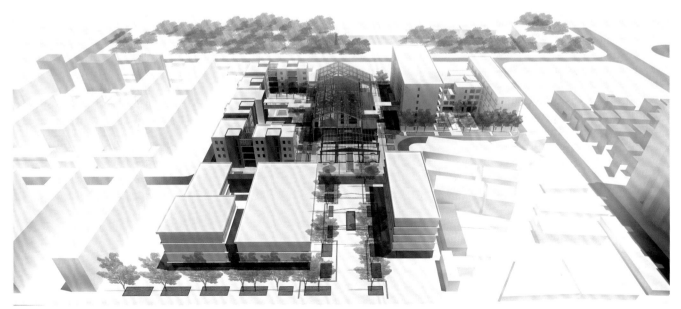

图 14　保留中心厂房的社区共融福祉中心

旧城新"院"——集体记忆下的健康社区养老模式与空间解析

Renovation of the enterprise DANWEI courtyard   Healthy community pension model and spatial analysis from the collective memory

基于协作互助式的研究型联合毕业设计教学探索
——有关"联合毕业设计营"的教学实践

李翔宇　胡惠琴[*]

摘要

建筑教育对学生的协作互助与研究素质的培育是当代社会多元化的需求，毕业设计课程作为建筑学本科学习的最终环节，应作出相应的调整。本文以 2019 大健康领域联合毕业设计（以下简称"毕业设计"）"新·旧之间：老城社区中的颐老'院儿'——城市社区·老年综合福祉服务中心"为例，介绍其选题立意、教学环节、组织模式、成果总结等，诠释基于协作互助模式的研究型建筑设计教学实践，并进行总结与思考，旨在探讨协助互助式设计课程中嵌入"研究环节"，以"研"促"教"的模式，为联合毕业设计教学的多元发展提供借鉴。

关键词

研究型联合毕业设计；协作互助；教学探索；养老设施

1. 引言

当代建筑教育已不再是主要向设计单位输送人才，年轻一代的建筑学子将主动或被动地扮演更为多元的角色，建筑学科学生培养理念也随之转型。在这一市场需求下，传统建筑设计课程的教学也应该从"命题型"向"研究型"过渡，从侧重建筑设计实践技能的训练，向拓宽视野、培养发现问题、分析问题和解决问题的能力方向转变。

本次 2019 大健康联合毕业设计也是突破传统教学模式，将协作互助模式设计课与研究型课题结合的一次有益尝试。

2. 选题背景与教学目标

本次毕业设计的题目是《新·旧之间：老城社区中的颐老"院儿"——城市社区·老年综合福祉服务中心（武汉市）》。基地位于武汉市青山区楠姆社区，周边相邻社区成熟，交通比较便利，未来规划环境优美。基地一部分用地内已有使用中的两栋老年公寓；另一部分为计控公司（现已搬迁）生产大院的旧址。武汉市青山区老龄化程度 28.34%，为全市之最。题目要求对基地进行重新规划，改建、新建建筑，打造一个与周边社区融合、创新养老模式的老年综合福祉服务中心，场地总用地面积为 3 公顷，总建筑面积不超过 51000 平方米，容积率为 1.5 或 1.7。（图 15）

本次毕业设计的教学本着"研究型建筑设计"为纲，以"研"促"教"为本，以"过程为导向"的教学模式为实施途径的教学目标。"研究"是一个需要不断被探讨和学习的复杂范畴。高等建筑教育应该通过由简到繁的循序渐进的训练，来培养学生的研究能力，主要有三个研究过程——"理论积累与案例搜集""创意提炼与方案深化""技术提升与设计反馈"。以"过程为导向"的教学模式即要求学生尽可能思考包括城市、社会、环境、建筑在内的多元问题，善于现场调研与科学研究，善于团队协作与多方沟通。摒弃以往说教和讨论式的传统教学方法，重在教师自我示范式的言传身教，使学生建立科学的研究态度和方法，来应对未来建筑师多元化人才发展的需求。

3. 课程组织与教学要点

本次毕业设计由 12 校同学分为 6 大组构成，以此为单位进行调研、汇报、中期／终期两次答辩。开题阶段

* 李翔宇，北京工业大学，副教授；胡惠琴，北京工业大学，教授。

在项目课题所在城市——武汉进行了为期一周的场地探勘和调研，期间指导教师以讲座形式对相关领域的设计方法与案例进行集中授课。毕业设计中期汇报在西南交通大学进行，同学们以所在学校为单位进行园区整体规划与建筑单体概念设计的答辩。最终答辩还是回到武汉，进行完整设计的毕业设计答辩。答辩分为同学互投、专家点评和网络投标等环节，最终评出优秀作业奖。评图专家除了指导教师外，还邀请国外养老建筑专家和企业知名建筑师共同进行评审。

核心教学要点包括以下3个方向：

（1）遵循旧城区尺度、空间结构及街区生活文化，以尊重老年个体与社会价值的态度，运用适老化空间环境设计手法，探讨符合市场实际与未来发展的新型养老模式，激发城市老旧社区的活力。

（2）以老年人心理与行为需求为主导，新建适老化空间与环境秩序，从空间氛围营造适老化产品和细节设计，以此来思考老年人与空间交互的更多可能性，提升老年人的生活品质。

（3）无论是从老城区院落尺度，还是从局部室内空间及辅助设施产品1：10的尺度来看，空间设计可涵盖从大型区域性策略到内部空间详细节点设计的多维尺度，去探讨不同空间环境的相互作用。

4. 协作互助式研究型毕业设计实践

作为本科建筑学设计课收官之作的毕业设计教学，应该更加注重教学模式的开放性、协助性和研究性，构成信息互通与协作共享的平台。

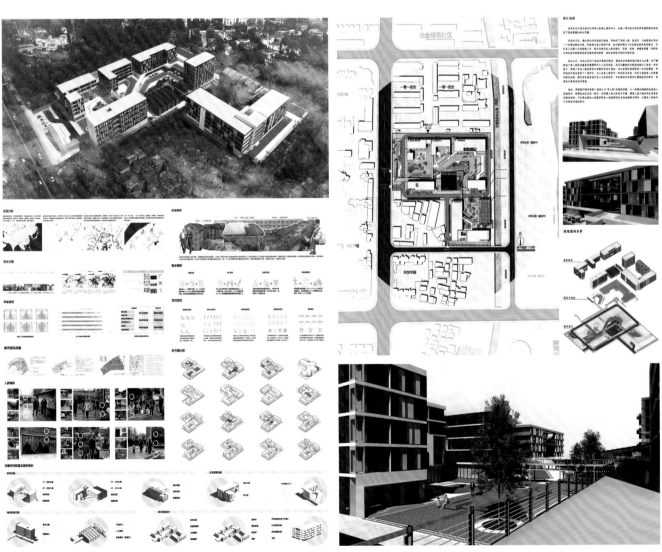

图15　北京工业大学作品1

旧城新"院"——集体记忆下的健康社区养老模式与空间解析

Renovation of the enterprise DANWEI courtyard Healthy community pension model and spatial analysis from the collective memory

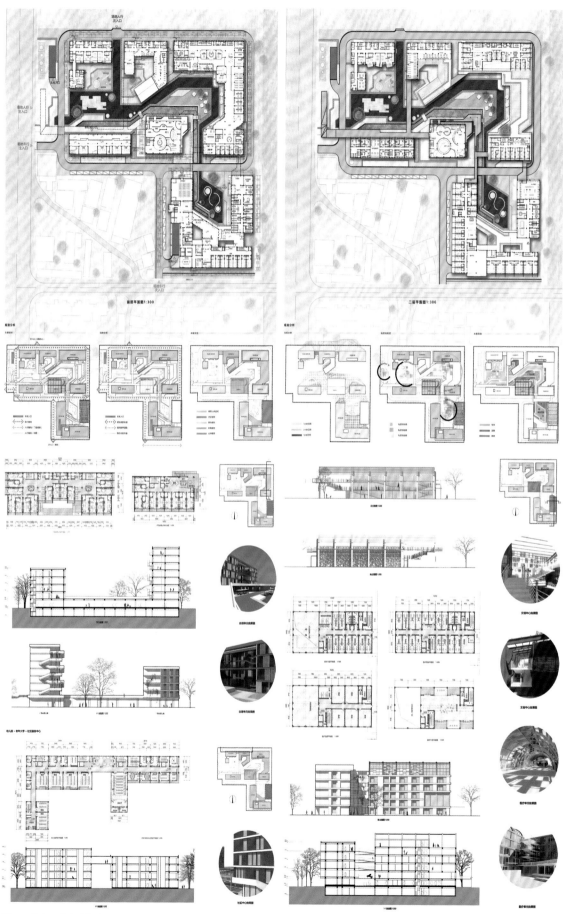

图 15　北京工业大学作品 2

（1）协作互助式联合毕业设计课程释义

协作互助模式设计课程逐渐成为建筑设计课程的重要组织模式。"协作"是一项由几个合作个体一起执行而非单个个体执行的工作过程。协作互助式设计课程，可定义为由两名以上的学生通过协同工作来完成作业的设计课程。多校联合毕业设计最为重要的意义在于使师生们在教学、科研、专业能力上都能取长补短。联合毕业设计本着"开放式"的教学理念，教师充分交流教学、管理、科研等创新方法，这对学生也是难得的一次"团队组合"的训练，通过"实战"建立"协作"能力，以此交流不同学校个体间的设计认知与能力特征。旨在"联合"的过程中，鼓励师生们跨学科联合学习，建立不同的专业视角，全面、综合地分析、解决问题的设计观。大家从邀请的从事养老领域的专家们的讲座中得到了很多书本中得不到的经验与知识。

（2）"过程为导向"教学方法的实践

"过程为导向"是教师将设计实践的研究过程完整、直观地呈现给学生的一种示范式教学方法。它要求老师转变角色，成为学生中的一员，尽可能参与研究，不仅示范具体的技术手段，更要亲自深入一线研究全过程。"过程为导向"的教学要与传统的"看图指导"教学相结合，不但老师看学生的"图"，而且学生也看老师的"图"。在这个过程中，老师身体力行地经历方案完整的思考和研究过程，包括将设计中遇到的挫折、反复和应对策略呈现给学生，由此引导学生建立整体性、系统性和条理性的设计研究思维习惯和掌握设计方法。

（3）从"教研相长"到"博采众长"的提升

本次毕业设计结合各校老师们自身的科研及兴趣方向，引入初步的研究性内容，强调以调查、研究和逻辑思维为基础的建筑设计技能训练，使设计变得更加"可学""可教"和"学研融合"。教师将科研所关注的先进理念及方法带入教学，有效推动课程组织的完善和知识更新。同时，教学部分成果在某种程度上也为科研提供了基础数据等研究资料，提高了科研成果转化效率。

5. 北京工业大学毕业设计教学成果

北京工业大学团队在规划设计中，意在以创设社区复合型养老的模式为设计出发点，以"代际交流"为设计主题，打造老幼互助、和谐共享的疗愈环境。规划方案以老年人心理与行为需求为主导，新建适老化空间与环境秩序，从空间氛围营造、适老化产品和细节设计来思考老年人与空间交互的更多可能性，提升老年人的生活品质。各功能片区呈环状放射性展开的向心性布局，路网关系与景观设施相得益彰、生动活泼。在建筑单体方案中，养老公寓方案着眼于共生颐养的概念，建筑布局为合院型，能够通过底层架空、空中连廊将院落分割成"五感花园"主题空间，空间可识别度极高，建筑主要房间充分考虑到了不同朝向的采光、景观的均好性；幼儿园、社区中心、青年公寓方案的布局以一个斜面的上人屋盖统一各建筑功能，巨构形态灵动丰富，视觉冲击力极强，屋盖下空间考虑到老人与儿童的代际交流和行为特征，构筑共享内街，空间灵动，不失趣味。总的来说，本方案实现了单体建筑与规划设计的高度统一，是一套概念十足、落地性很强的作品。

在建筑单体方案中，养老公寓方案着眼于共生颐养的概念，对原场地内主要建筑进行改建、扩建和新建，综合考量城市地域、人文、气候、行为需求等因素，打造与社区生活相融合的老年综合福祉服务中心，以满足老年人对生活、医疗、文体活动等需求的要求。方案还引入持续照顾护理的理念，根据老年人的身体肌能，针对自理、半自理、非自理的老人进行不同层次的空间配置和护理等级的设置。在功能配置上提供老年人居住、食堂、护理、医疗康复、活动中心等医养结合的主要功能，老年大学、幼儿园、社区中心、便利店等社区服务配套功能空间，精品酒店、超市、培训中心等商业功能空间。

参考文献

[1] 胡惠琴, 赵怡冰. 社区老年人日间照料中心的行为系统与空间模式研究 [J]. 建筑学报. 2014（5）: 70-76.

[2] 周颖, 孙耀南. 医养结合视点下可持续居住的老年住居环境的设计方法 [J]. 建筑技艺. 2016（3）: 64-69.

[3] 张宇, 范悦, 高德宏. 多元化联合毕业设计教学模式探索——以"新四校"联合毕业设计为例 [C] // 全国高等学校建筑学学科专业指导委员会, 深圳大学建筑与城市规划学院. 2017 全国建筑教育学术研讨会论文集 [M]. 北京: 中国建筑工业出版社, 2017: 39-42.

[4] 单彦名, 赵天宇, 张高攀. 基于人文关怀视角下的文化传承模式研究——台湾地区社区营造对当今历史村镇保护的启示 [J]. 中国园林, 2016.

[5] 李华, 汪浩. 面向老龄化社会的建筑设计教学尝试——老年公寓及社区综合养老设施研究设计 [C] // 全国高等学校建筑学学科专业指导委员会, 深圳大学建筑与城市规划学院. 2017 全国建筑教育学术研讨会论文集 [M]. 北京: 中国建筑工业出版社, 2017: 636-640.

2 设计主题

- 集体记忆
- 单位大院
- 养老模式
- 适老性
- 综合福祉

场地实景

课程教学主题为老城社区中的颐老"院儿"——城市社区·老年综合福祉服务中心设计，其中包含了几个核心概念："单位大院""适老性""福祉"。

2.1 集体记忆

由霍夫曼斯塔尔于 1902 年首次提出，1925 年，法国学者哈伯瓦赫对该概念进行了详细阐述，他提出"集体记忆是某个特定社会群体内部成员共享往事的过程及结果"。

阿尔多·罗西将集体记忆引入建筑学领域，他认为城市是集体记忆的场所，城市记忆是集体记忆的一种，阿尔伯蒂等也曾提出记忆对城市发展的重要意义。

在西方学者的研究中，城市记忆往往被作为集体进行研究，区分并不明晰。如在相关研究中，集体记忆被阐述为是记录城市社会和文化的数据集合[1]。

2.2 单位大院

所谓的"单位大院"，是按照"院"这种传统的空间形态来运行的正常工作状态下的单位。

院内有必需的办公、生活、附属建筑等，这里生活的居民不用离开大院便可得到工作和基础的日常生活资源，因此衍生出了具有社会传统"家"的含义。"单位"内部人常年聚居、生活在一起，他们之间存在一种很明确的序的关系，只不过这种关系并非血缘关系，而是一种政治、经济上的关系。每个单位都有与之对应的城市物质空间，其中单位大院就是最常见的空间组织形式[2]。

2.3 养老模式

课题研究主要针对机构养老模式，包括养老院、养老公寓等多种情形。喜欢过群体生活的老年人尤其是孤寡老人选择居住于养老院；还有大量老年人自愿入住大型老年社区，社区内为老年人提供所需的各方面专业化服务。居家养老将是未来养老的一大主要方式，而机构养老如何与社区结合亦是此次课题亟待探讨的问题。（图 1）

图1 基地所在的老旧社区城市环境，武汉

2.4 适老性

适老化设计是指在住宅楼或商店、医院等公共建筑中充分考虑老年人的身体功能和行动特征（图2），进行相应的设计，包括无障碍设计（图3），以满足进入老年生活或将来进入老年生活的人们的生活和行为需求（图4）。适老化设计将使建筑更加人性化，适用性更强。

在本课题中主要探讨的是养老机构的适老化环境与适老化设计。

2.5 综合福祉

福祉被定义为幸福、利益、福利，代表美满祥和的生活环境，稳定安全的社会环境，宽松开放的政治环境。其在建筑环境中如何被体现呢？

心理福祉：对于生命所有负面因素的否定，强调单纯的快乐，也可以是对于人们全面感受的理解，例如自我接纳和个人成长等。

图2 失能老人在社区环境中的现状，武汉

图 3　养老机构入口的无障碍坡道，武汉

图 4　养老机构中的老人进行活动的现状，武汉

图 5　老武汉记忆

图 6　1955 年的粮票

图 8　1970 年代每天迎送"月票族"的红钢城码头，武汉

图 7　从 1960 年代一直使用到 2005 年"退役"的武钢无轨电车，武汉

　　场所基础福祉：如果福祉是通过人和环境的平衡实现，在场所基础福祉理论中，环境被认为是该平衡的驱动，因为人的所有行为都发生在特定的建筑语境中。

　　存在福祉：存在福祉被定义为"一种涉及感觉或经验的现象学概念"。它是基于人和周围环境相互作用的本体论前提，以建立一个人们切身经历并建立自我意识的具体的整体感受。也就是说，在具体的建筑环境驱动下，人感知到自己在该环境存在的时候即是福祉产生的时候[3]。（图 5～图 8）

参考文献
[1] 汪芳, 严琳, 吴必虎. 城市记忆规划研究——以北京市宣武区为例 [J]. 国际城市规划. 2010, 25（1）: 71-76, 87.
[2] 曹玮珩. 武汉红钢城"单位大院"八、九街坊邻里空间的再设计研究 [D]. 湖北美术学院, 2018.
[3] 任晖. 浅谈建筑设计中的"医养结合"和本期介绍 [J]. 住区, 2018（4）: 6-21.

3 | 前期研究

- 场地与社区解读
- 老年人行为观察
- 无障碍体验报告

旧城新"院"——集体记忆下的健康社区养老模式与空间解析

Renovation of the enterprise DANWEI courtyard　Healthy community pension model and spatial analysis from the collective memory

毕业设计教学中的半环互动与整环互动
——大健康联合毕业设计沈阳"七二四"教学实践与思考

王　飒　张　圆*

　　建筑设计教学是在教学双方不断互动下完成的，互动往往是在师生之间自然发生的，教师很少主动运用这个过程。本次毕业设计沈阳建筑大学教学团队根据总任务书的要求，在沈阳选择"七二四"地区作为基地，力图引导学生面对复杂的城市问题完成设计，也尝试在不同教学任务中选择不同方式的互动教学，在此进行总结和反思。

1. 互动教学与设计教学

　　从教育学的角度看，互动教学是"教师和学生基于平等的师生关系，为实现预期的教学目标和任务，运用教学手段，在合理设计的问题解决活动过程中所发生的相互影响和相互作用的言行举动。"[①]设计教学俗称"师傅带徒弟"，正是这种互动教学的体现。在设计教学中互动是教师指导信息与学生学习信息之间往复传递并互相促进发展的过程。这一往复的过程是多次多轮的信息交换和思考激发，在场地踏勘、调查研究、问题发现、形态操作、图面表达等设计过程的各个环节都在频繁地发生着，并呈逐步递进的发展状态；而整个设计过程从前到后的各个环节之间也呈现出相互反馈、互动发展的过程。

2. 设计教学中的整环互动与半环互动

　　（1）整环互动的设计教学

　　教师在设计教学中的作用主要是引导和评价。引导包括必要的知识理论、场地信息、价值观点、问题意识、方法手段的介绍和展现，起到示范和引领的作用。评价是对学生的成果进行判断、分析并给出建议的过程，起到纠错和深入的作用。引导和评价相辅相成，在具体的教师指导活动中难以区分，但是总体上，"引导"不直接针对学生的成果，而"评价"要直接针对学生的具体成果。

　　学生有思考和操作两种学习设计的状态。思考是头脑的酝酿，操作是形态探索，两者也是相辅相成的，但输出的成果不同，思考的成果是语言和观点，操作的成果是图纸和模型。

　　从教师作用和学生成果的角度看设计教学的互动，便存在教师的引导和评价作用于或者不作用于学生思考和操作状态的不同情况。在设计进程的某一环节，教师先引导学生进入两种状态的学习，进而对两种学习成果进行反馈评价，并达成多次、多轮的信息往复，使得设计成果发生重要的迭代发展，便构成了完整的互动状态，可以称为"整环互动"，如图1所示。

教【评价←→引导】←→ 学【思考←→操作】

图1　整环互动信息交流示意图

　　（2）半环互动的设计教学

　　面对复杂的现实问题，设计者要处理不同的甚至是矛盾的需求，只要时间足够，一个设计常常可以成为难以完结的持续工作。有工作周期的项目设计，需要在规定时间内完成，寻找和确定核心问题并展现设计亮点，便成为必须的设计策略。而规定时间的课程设计教学，时间限制致使教师很难充分展开引导和评价的两方面作用，只能以一方面为主，或者学生在不同阶段仅能呈现出思考和操作中的一种阶段成果，致使很难在设计各环节进行"整环互动"的教学。因此，有选择地确定最为关键的设计环节开展整环互动，便成为最主要的教学策略。教学中的关键环节是相对的，设计任务的需求、教学训练的侧重和学生个体的状态，都可以成为教学关键环节是否要以及能否实现"整环互动"的决定因素，有

* 王　飒，沈阳建筑大学，教授；张　圆，沈阳建筑大学，教授。

时甚至难以预料。

设计教学过程中，多数设计环节的师生互动，并不能在教师的两种作用和学生的两种状态间完整发生，而仅有一种教学作用发生在学生的学习状态上，可以称为"半环互动"。半环互动，绝不是信息在师生之间的单向流动，仍旧是信息在师生间的双向流动，只不过难以实现信息多次往复地交流，互动不能覆盖某一环节设计的全部过程，也难以促发设计成果的升级发展。

想法无对错，手法有优劣。因此，半环互动最经常发生的情况有两种，其一：教师对学生的思考进行引导而不进行评价；其二：教师对学生的操作进行评价而难以宽泛引导，如图2所示。

教【引导】◀━━▶学【思考】━━▶学【操作】

教【评价】◀━━▶学【操作】◀━━学【思考】

图2　半环互动信息交流示意图

3. 半环互动教学的实践

设计的前期思考多于操作，对于复杂环境下的特殊门类建筑设计来说，前期的思考更多。因此，需要在设计前期教学中展现项目的可能性，有针对性地引导学生扩展思考的角度，接入对项目的认知，对学生的思考所得不做过多评价，静观其状态和发展的可能。

形态操作是设计的根本，似乎应该作为"整环互动"的教学内容，但在人均1.5万平方米的场地、综合性设计任务条件下，就学生成果直接给出评价才是最高效的，所以毕业设计教学实践中能够实现的往往只是"半环互动"。

（1）基地选择与踏勘的教学引导与效果

①教学引导

符合总任务书特征的基地在沈阳有多处，其中"沈飞"和"七二四"地区是以往学界并不十分关注的沈阳工业遗产，同时也都是急迫需要进行城市更新的地区。引导学生对两个地区进行初步资料收集，第一次现场踏勘明显发现两个地区的城市问题的复杂程度不同，实际选择城市环境更复杂的"七二四"为毕业设计的任务基地。

在深化任务书的过程中，根据"七二四"地区的实际状况，教师确定六块备选的地块，以期学生通过调查发现感兴趣的城市问题，自行选定具体的建设地块（图3）。教师从城区历史、历史建筑、城市片区现状、既有养老设施、沈阳和文官街道老龄化等方面对"七二四"地区进行介绍和分析，提示学生对老产业工人的生活习惯、旧城区的居民状态、既有养老设施的实际作用、建筑年代的辨识与确认、日本侵略时期的街区规划尺度与景观、"七二四"地区正在经历的城市更新过程中的无序与有序的状态等问题进行关注。

②效果

在教师所引导的问题中，学生共同关注的是社区老人的户外活动状态，老片区衰败的混乱无序状态，而对历史建筑的建筑价值与城市街区的景观和结构普遍认识不足（图4）。同时，经过调查学生自发表现出的关注有：老年人对青年人的态度、街区绿化的状态及其成因、既有养老设施的不良运作等。

图3　沈阳"七二四"基地设计任务书

（2）调查与策划的教学引导与效果

①教学引导

根据社区面临的问题，指导学生通过观察、访问、问卷等方式对居民进行调查，分别对相关调查方法的适用范围、操作要点、注意事项进行说明和介绍。学生制定调查方案后，给予修改建议。同时对调查在设计中的作用进行思考，对设计前期调查和科学研究调查之间的差别进行简单辨析。

在相关设计规范、社会文化与社会组织方面，以联合毕业设计开题的讲座为基本内容，结合沈阳基地的情况进行扩展和重点分析。

②效果

调查让学生对基地有深入的了解，不再停留在刻板印象和概念状态：如社区老年居民的日常活动空间，菜市场（露天和室内）在居民生活中的节点作用，老年人性格特征之间的差异，男性和女性老年人需求的差异等。另外，由于调研操作技术不熟练，调查方法以观察为主，调查所获往往来自典型案例，也由于专业习惯，调查结果的图形表达较好，而现象背后的原因分析不足（图5）。

图4　学生基地踏勘关注的城市景观

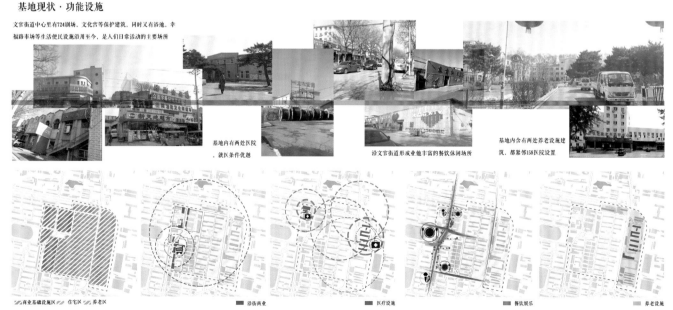

图5　学生调查研究的部分成果

学生任务书策划多数遵循教师的分析解读，在遵守规范的要求下，落地的适应性不足。而要求思考适合基地的多种可能时，学生又难以主动与规范内容建立联系。在教学过程中，任务书的制定与设计主题（创意）关联密切，而非以社会经济现实为纲，因此，策划问题在后期明显地被设计主题的表达置换。

（3）形态操作的评价与效果

①教师评价与学生自评价

根据设计任务，明确提出城市区域、建设地块、分区单元、功能房间四个形态操作评价的层级尺度。城市区域从适应气候、完善城市功能、创造城市肌理的角度进行评价；建设地块尺度从多流线组织、活动区域、日照、街巷景观、形体组织等方面进行评价；分区单元和功能房间尺度从老年人类型、护理需求、公共私密、生活场景、家具设施等方面评价。设计任务是繁杂的，任何一次讲评都难以面面俱到，从第二次设计草图开始即要求学生从四个尺度思考问题，并要求学生逐步形成对自己方案的审视和自我评价。

②效果

好的设计应该在四个尺度上都有优秀的表现，教学上也需强调每个尺度应该关注的问题，但是综合性的问题同时摆在学生面前的时候，呈现出两种不甚理想的状态：一种是局限于自己兴趣点的概念创造而放弃多角度的落地思考，另一种是试图应对繁杂的具体问题但创意明显不足。

4. 主题探索的整环互动教学的实践

在复杂的社会需求中确定设计面对的主要问题，并在空间操作的四个尺度上探索应对设计思路，是贯穿始终反复讨论的教学过程，形成了整环互动。一些学生在第一次设计草图时就已经明确设计要面对的主要问题，而另一些学生则难以及时确定设计主题。为适应学生的不同状态，我们采取以下两种引导方式。

（1）从感性意图开始的设计策略深入

早期明确设计主题的设计小组，虽然经历了调研，也有教师的分析引导，但学生的认知仍旧是感性为主，主题确定来自学生对设计任务的直觉，传递着学生的设计欲望。"混龄社区"和"集体记忆"两组学生即如此，在第二次设计草图以前学生思考的成果多于操作的成果。青老"混龄社区"引导中反复强调不同行为能力的老人与不同状态的年轻人之间存在的不同程度、不同类别的"混龄"的可能性；强调通过信息获取消除对老年人的刻板印象（图6）；强调通过对学术文献的阅读，掌握养老院老人的行为和交流的需求，并在四个尺度层次上确定"混龄"情景下的空间策略。对"集体记忆"如此引导：首先反复强调通过收集各类信息认知和接近那个时代，增加对过往国有企业工人生活状态和计划经济时代衣食住行各方面社会生活情境和空间特征的认识（图7）；强调"七二四"地区历史建筑和街区格局下老人生活习惯的调查和延续；强调以普惠型养老为目标进行功能和空间策划。

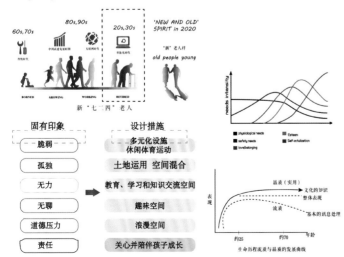

图6 "混龄"社区组的主题逻辑

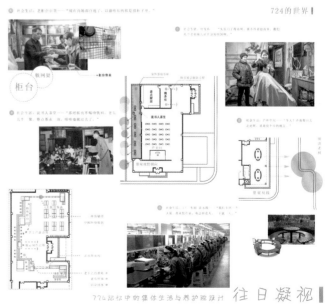

图7 "集体记忆"组的空间回忆

旧城新"院"——集体记忆下的健康社区养老模式与空间解析

Renovation of the enterprise DANWEI courtyard　Healthy community pension model and spatial analysis from the collective memory

（2）从具体操作开始的设计策略提升

学生选择教师任务分析思路中的一个，以规范为母本制定任务书后，不再主动面对可能的城市问题和社会问题，直接进入空间操作，或自行探索解决具体设计问题，或参考各类优秀作品的空间处理方式。这样，即便在第二次设计草图之前，学生的思考成果也很少。因此，必须针对操作成果，通过问询促使学生在解答时进行思考，且需要多次反复；同时寻找形态操作成果中的亮点，关注形态操作结果可能适应的社会情境，在与学生的信息交流中反复讨论在四个尺度上深化发展的多种可能性。在多轮互动过程中，逐步聚焦引导两组学生，最终明确了设计主题："适应老工人生活习惯和社区行为轨迹的空间营造"（图8）与"保障土地开发强度下的综合性养老设施"（图9）。

5. 反思

（1）调查研究的教学反思

调查研究的引入是为了实现研究性设计教学的目的，从完成设计任务的角度出发，难以进行充分的调查研究，因而主动地将调查研究作为"半环互动"的部分。从学生呈现的效果看，调查研究在设计中起到了增强基地和设计任务认识，促进明确设计主题的作用，并没有在空间操作上起到作用。调查研究是一项严谨而周密的工作，并非设计前期的短暂时间可以容纳。因此，研究性设计教学的组织，需要选择适合时间周期的任务规模和项目难度，对于专项问题应由不同学术特长的教师，针对设计的不同环节，与学生发生深入的整环互动。

（2）主题引导的教学反思

建筑设计需要解决不同维度的问题，甚至零散而细碎，建筑设计可以不需要任何主题。即便有主题，主题也是一个设计的典型剪影，实难涵盖设计所需面对的各种问题。设计主题往往是为了传播的需要，是在有限的时间内获取足够的认知和关注的需要。这固然是时代对优秀建筑师提出的能力要求，也有一定传播学的道理可以解释。但是，对于在设计中不热衷主题探索和表达，更愿意在分散而细小问题上投入精力，致使成果缺乏亮点的同学，教师应当给予足够的肯定和赞许，毕竟，这才是大多数建筑设计从业人员的常态，这也是健康环境营造大主题下设计的必由之路。

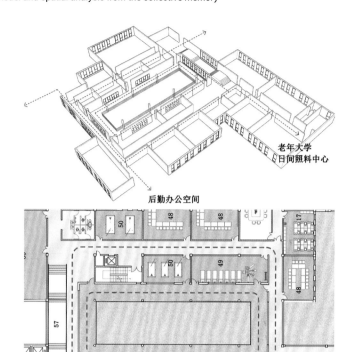

图8　空间组织过程中整合而成的"康复环"设想

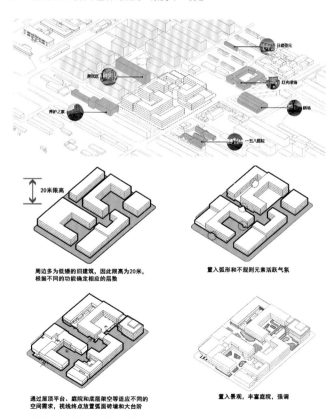

图9　保证土地开发强度的空间策略

注释

① 《现代教育论丛》编写组. 教师教育：精神的事业 [M]. 上海：上海教育出版社，2016：246.

3.1 场地与社区解读

图 10 地理位置

[基地背景分析]

工业背景

基地位于武汉市青山区,青山区常住人口54万,面积80.6万平方公里,位居中心城区第二。青山区又称"十里钢城",是华中地区钢铁工业重点生产基地。社会经济形式以重工业为主,结构集中单一的产业格局。(图 10)

青山区红房子

20 世纪 50 年代,"一五计划"期间,作为武钢的基地,青山区成了华中地区最大的钢铁基地,大批的工人聚集于此,为了解决住房问题,修建了大量的住房,即红房子。(图 11)

红房子造就了青山区鲜明的城市特色与魅力,它不仅是工业遗产的一部分,也凝结着人们的生活情感、记忆。(图 12、图 13)

图 12 建筑实景 1

图 13 建筑实景 2

图 11 武汉工业记忆

▲西南交通大学:周星呈、李 颖

旧城新"院"——集体记忆下的健康社区养老模式与空间解析

Renovation of the enterprise DANWEI courtyard　Healthy community pension model and spatial analysis from the collective memory

[基地概况分析]

年平均气温
15.8℃~17.5℃

年降水量
1150~1450mm

年日照总时数
1810~2100h

武汉市属北亚热带季风性（湿润）气候，常年雨量丰沛、热量充足、冬冷夏热、四季分明；夏冬两季较长，各约四个月；春夏两季较短，各约两个月。

▲北京工业大学：盛　励、白　晔、戴　翎

[区位分析]　　基地位于市区内武汉火车站楠姆社区附近，社区发展成熟，建筑形制鲜明。

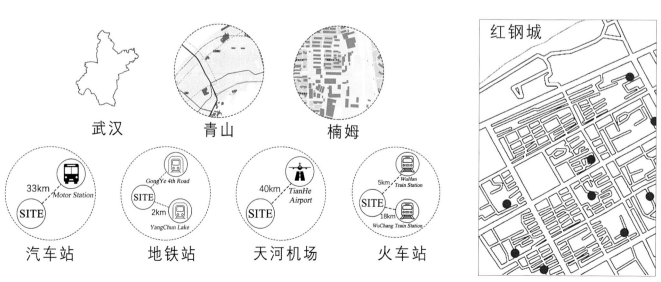

武汉　　　青山　　　楠姆

红钢城

汽车站　　　地铁站　　　天河机场　　　火车站

33km　Motor Station　SITE

GongYe 4th Road　SITE　2km　YangChun Lake

40km　TianHe Airport　SITE

5km　WuHan Train Station　SITE　18km　WuChang Train Station

▲重庆大学：王　逍、宋雅楠、刘大豪

A区域位于基地的西侧，是武钢配套住宅生活区，主要为行列式排列规整的多层住宅。作为住宅区，这样的空间肌理符合当地气候，但空间单一，缺乏新意。

B区域位于基地东侧，与基地隔河相望，这部分空间肌理较为复合，随着城市更新的进行，会被逐步拆除，并以行列的形式进行住宅建设。

C区为工业区，为武汉钢铁厂厂区，这一区域建筑为厂房，空间尺度较大，呈块状分布，具有鲜明特点。

基地所在的青山区，又有"十里钢城"的称呼。这是因为青山区以武汉钢铁厂为中心，配套相应住宅生活设施形成了如今十里钢城的规模，从空间肌理上看，主要分为A、B、C三类。

■ 空间功能聚合

■ 构建场地新核

医疗与社区公共文化核心　护理老人照料核心　休养康复核心

■ 空间架构

• 武钢 网络组织

• 青山 线形组织

■ 尺度迁移——网格空间

肌理尺度探究

■ 从结构到空间

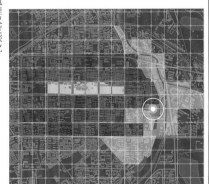

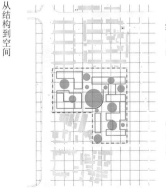

红钢城
典型网格空间组织架构

青山一般性社区
可以用相同尺度网格进行描述

▲哈尔滨工业大学：李贵超

▲华中科技大学：刘洪君、陈恩强

旧城新"院"——集体记忆下的健康社区养老模式与空间解析

Renovation of the enterprise DANWEI courtyard   Healthy community pension model and spatial analysis from the collective memory

[场地环境调研]

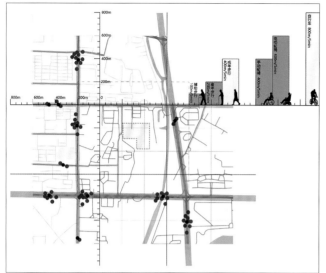

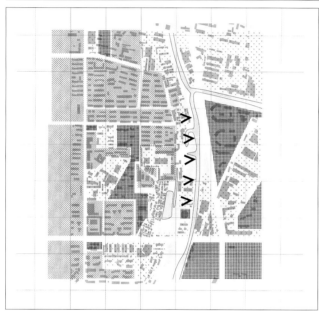

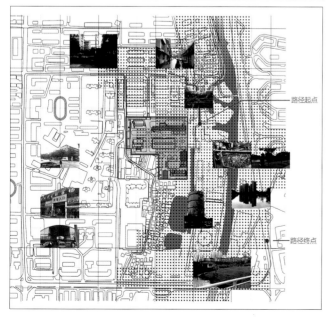

公共交通

在场地环境部分，我们先尝试从交通体系与老年人使用的关系入手，并调查了 1800 米 ×1800 米范围内公交车站点的分布情况和道路等级（其中黑色的点为公交车站，红色的点表示该站台停靠的公交数量）。通过调查发现，场地周边的交通分布并不均匀，四条主干道之间的间距明显大于老年人的舒适范围（右上角为 5 分钟内不同人群的交通范围）。在这个基础上，我们在场地内设置了以 200 米为基本尺度单位的次级网格，以保证老人的交通便利。

建筑高度演变

基地周边街道立面的高度变化是否具有更广泛的普遍性成了下一个问题。为了更全面地掌握场地周边的环境，我们统计了场地周边 1500 米 ×1500 米范围内的建筑组团高度和历史年代的演变规律，发现在较大尺度上，建筑的高度、历史总体上呈现自西北向东南的变化趋势，这种趋势和场地水流流向有着高度的近似性。这使我们意识到，水脉本身可能并不仅仅是一种环境符号，而是整个场地文化的主心骨。

活动兴趣点

左图展示了在调研路径中的兴趣点（居民集中点）的分布关系，在以场地为中心的 1000 米 ×1000 米范围内，约 70% 兴趣点集中分布在水流影响范围——即视线可以看见水流的区域——内（图中阴影部分），并且以居民自发性活动为主，而西侧远离河流的区域的兴趣点多为功能导向（如菜市场、商店街）。

▲大连理工大学：吴同欢、李劼威

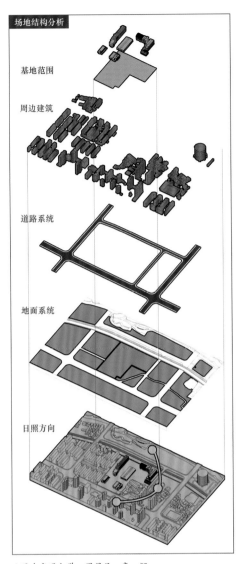

场地结构分析

基地范围

周边建筑

道路系统

地面系统

日照方向

▲西南交通大学：周星呈、李　颖

[基地概况]

　　场地原为武钢旧厂办公场地，现内部养老设施仍在运营，入住老人大部分为青山区附近居民且大部分长期入住，因此即使规模不大但仍然保持盈利。场地内旧有工业建筑保存完整，筒子楼结构完整却年久失修。场地周边多为自由建立的低矮平房，不少旧有建筑仍保有着红钢城的肌理。此外，附近不少居民仍保持着耕作劳动，沿着河道种植农作物，多为自己食用，少数用于售卖。

红砖瓦——红钢城肌理　　厂房——炼钢厂保留工业建筑　养老院——运营中建筑　河道——农耕习俗

▲北京工业大学：盛　励、白　晔、戴　翎

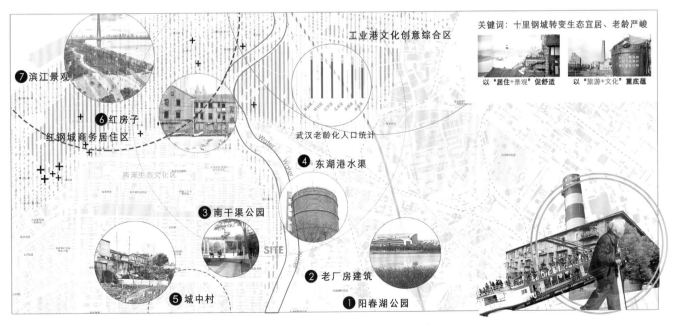

⑦滨江景观

⑥红房子

红钢城商务居住区

⑤城中村

③南干渠公园

②老厂房建筑

①阳春湖公园

④东湖港水渠

工业港文化创意综合区

武汉老龄化人口统计

关键词：十里钢城转变生态宜居、老龄严峻

以"居住+景观"促舒适　　以"旅游+文化"重底蕴

SITE

▲重庆大学：刘大豪、宋雅楠、王　逍

旧城新"院"——集体记忆下的健康社区养老模式与空间解析

Renovation of the enterprise DANWEI courtyard　Healthy community pension model and spatial analysis from the collective memory

[宏观要素分析]

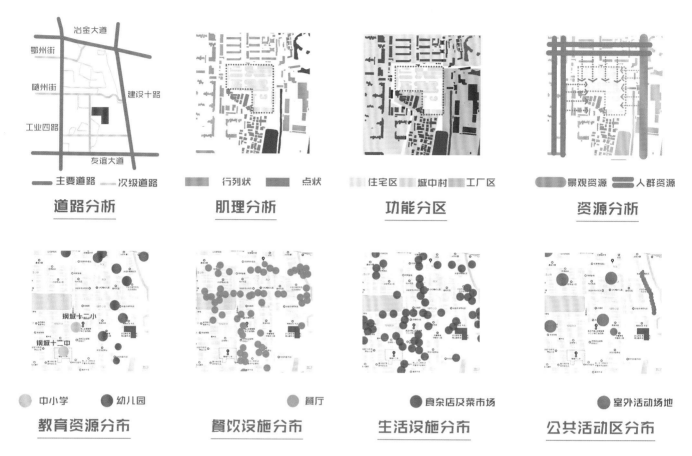

▲ 东北大学：黄楚琦、王允嘉

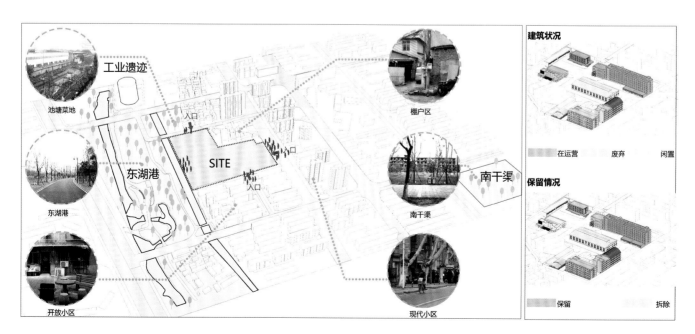

▲ 重庆大学：于　沐、汪　佳、梁思齐

[基地现存问题分析]

场地周边的环境复杂，在不同年代的房地产开发和居民生活水平存在较大差异的情况下，衍生出许多问题，影响了居民的生活环境和对周边环境变化的接受度。

4. 工厂

靠近东湖港区域有大片工厂存在，萧条又阻隔了滨水空间，未来将规划沙湖港明渠，所以工厂将消失，周边经济缺乏新的振新策略。

1. 基地与周边的关系

基地与周边社区的空间关系是分离与隔绝的，并不利于两者的交流与融合，甚至可能会带来萧条、闭塞等负面影响。

5. 城中村

基地周边有大量的城中村存在，多为低收入人群居住，环境较差，无人管理，一些偏僻的角落和小路甚至成为垃圾场。

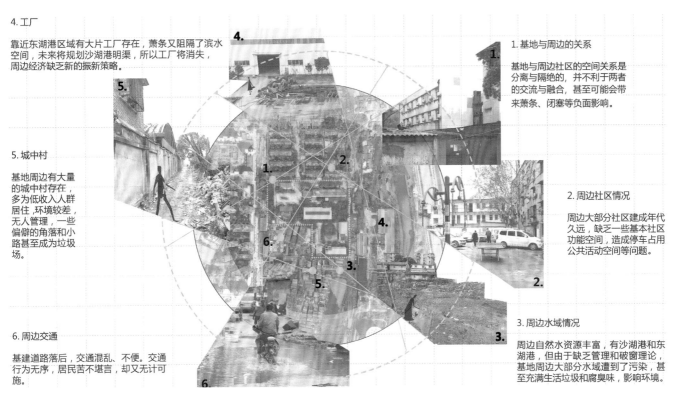

2. 周边社区情况

周边大部分社区建成年代久远，缺乏一些基本社区功能空间，造成停车占用公共活动空间等问题。

6. 周边交通

基建道路落后，交通混乱、不便。交通行为无序，居民苦不堪言，却又无计可施。

3. 周边水域情况

周边自然水资源丰富，有沙湖港和东湖港，但由于缺乏管理和破窗理论，基地周边大部分水域遭到了污染，甚至充满生活垃圾和腐臭味，影响环境。

▲华中科技大学：姚雨朦、陈金妮

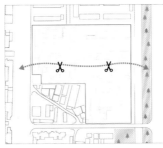

1. 原厂地只有一个出入口可进出养老公寓。
2. 场地南侧存在大量棚户区，建筑布局杂乱无章。

1. 场地东侧有极好的规划景观带，原场地内对于景观没有应对。
2. 场地占地面积较大，对城市形成了割裂。

1. 场地周围一圈被围墙隔起来，与周围社区没有紧密联系。
2. 场地内老年人只在老年公寓内活动，与外界的交流少。

1. 场地内建筑布局杂乱无序，建筑呆板，缺乏设计感。
2. 场地内有很好的工业遗迹，但未得到利用。

▲西南交通大学：陈梅一、王威力

[基地概况]

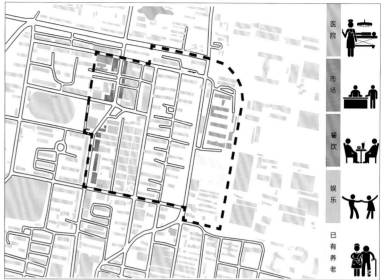

场地业态现状

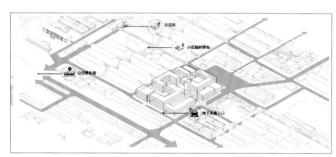

停车节点分析

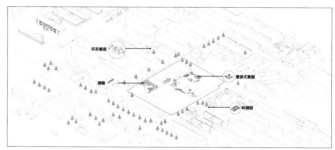

绿化节点分析

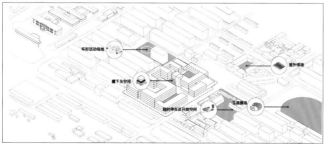

活动场地节点分析

保留建筑节点分析

▲沈阳建筑大学：迟　铭、薛佳桐

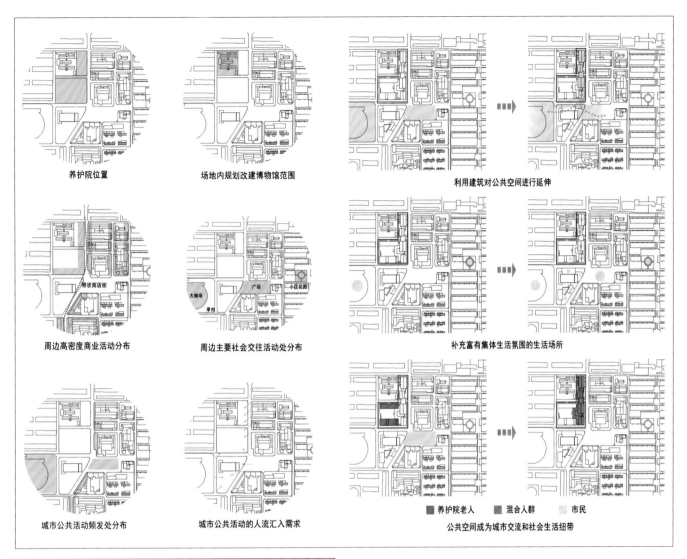

养护院位置

场地内规划改建博物馆范围

利用建筑对公共空间进行延伸

周边高密度商业活动分布

周边主要社会交往活动处分布

补充富有集体生活氛围的生活场所

城市公共活动频发处分布

城市公共活动的人流汇入需求

公共空间成为城市交流和社会生活纽带

■ 养护院老人 ■ 混合人群 □ 市民

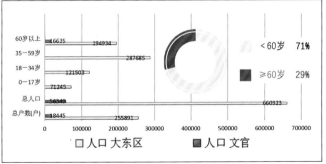

需要养老床位			
大东区		文官	
指标	床位	指标	床位
50	9747	55	915

大东区人口构成

　　辽沈工业集团有限公司（代号国营第724厂），建厂70余年，现有职工10000余人，位于沈阳市东北部。其厂区及周边地区被称为"七二四地区"，约12平方公里，厂区与东北、西南两个方向的老旧住宅、新建现代居住小区、公共设施、城市绿地、城市仓储区、小型工厂等错落分布。

　　"七二四地区"人口老龄化严重，养老设施极度匮乏，社区活动空间也十分有限，旨在打造一个为不同健康程度老人服务的综合养老中心。本次设计对失智、介助、自理三种老人进行不同的组团设计。

▲沈阳建筑大学：高　腾

旧城新"院"——集体记忆下的健康社区养老模式与空间解析

Renovation of the enterprise DANWEI courtyard   Healthy community pension model and spatial analysis from the collective memory

[城市养老环境调研]

  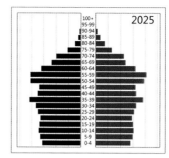 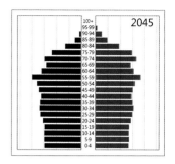

图1　我国人口年龄结构变化金字塔示意图（《中国人口老龄化与老年人状况白皮书》）

 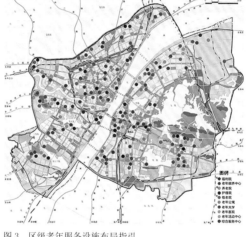  

图2　市级老年服务设施布局指引　　　　　　　图3　区级老年服务设施布局指引

　　随着科技和经济的高速发展与人类在医药健康科学方面的进步，世界人口出生率和死亡率呈下降趋势，近年来，人口老龄化问题已经成为世界各国共同面临的难题。来自世界卫生组织老龄化健康报道，表明城市人口老龄化问题在发达国家和发展中国家都已非常严峻，亟待解决。

　　与其他国家相同，中国的老龄人口也在迅速增加。1979年开始实行的独生子女政策虽然已于2015年废止，但仍在其中起了重要的影响作用，独生子女们未来将要面对"4-2-1"的家庭模式，每个人需要承担父母及4位祖父母的养老责任。

　　据国家统计局数据显示，截至2015年底，全国60岁及以上老年人口22200万人，占总人口的16.1%。中国自1999年进入老龄化社会后，老年人口数量不断增加，老龄化程度持续加深。预计到2050年，我国老年人口将达到4.34亿人，届时人口老龄化率将达到30.95%，老年人的居住和照顾问题将更加突出。（图1～图3）

▲哈尔滨工业大学：万　鑫，宋子琪

[三所养老设施的基本信息]

楠山康养

总床位： 300多 入住327床

建筑面积： 一期8451平方米，二期分两栋楼两个服务区域

床均面积：
26平方米

武汉市社会福利院

总床位： 设计床位2066 a栋814

建筑面积：100000平方米

A栋公办养老机构 B栋公办民营养老机构 A栋有6个服务区域

床均面积：
48平方米

一位院长带领的一组管理团队适宜的床位规模：
- 200～300床，最多不超过500床
- 超过500床以上建议分区

适宜的床均面积
- 30～60平方米，高端项目＞60平方米

规模过大：管理难度加大，不利于老人之间的交往与熟识。
规模过小：存在运营效率地和营利困难等风险。

江汉区社会福利院

总床位： 840多

建筑面积：30000平方米

分4个服务区域

床均面积：
29平方米

[运营管理的对比]

楠山康养的运营管理

日常服务方式

1.老人护理方式

一个护工护理多个老人，非一对一**专人护理**，提供包括陪床、喂饭、洗澡翻身等服务。

2.就餐方式

由外部食堂定时送入，设施内部人员仅需进行分餐和分送工作，失智老人一般为固定菜式不可筛选；自理老人可以自己到食堂就餐。

3.衣物洗涤方式

配备有清洁人员进行洗衣、洗涤、晾晒、熨烫、收叠等工作，室内晾衣很成问题。

4.洗浴方式

所有房间都有卫生间洗浴设备；没有专门为失能老人配备的洗浴间。

武汉市社会福利院的运营管理（A栋）

日常服务方式

1.老人护理方式（是否有组团护理的方式？）

根据不同的失能和失智程度决定不同的护理方式；失能、失智老人能够达到一对一的护理。

2.就餐方式

有专门的内部食堂，老人可以根据自己的行动能力决定在食堂用餐还是通过护工送餐。

3.衣物洗涤方式

配备有清洁人员进行洗衣、洗涤、晾晒、熨烫、收叠等工作。

4.洗浴方式

有专门为失能老人配备的洗浴间。

江汉区养老福利院的运营管理

日常服务方式

1.老人护理方式

根据不同的失能和失智程度决定不同的护理方式；失能失智老人能够达到一对一的护理。

2.就餐方式

有专门的内部食堂，老人可以根据自己的行动能力决定在食堂用餐还是通过护工送餐。

3.衣物洗涤方式

配备有清洁人员进行洗衣、洗涤、晾晒、熨烫、收叠等工作。

4.洗浴方式

所有房间都有卫生间洗浴设备；**没有专门为失能老人配备的洗浴间。**

▲前期调研团队1：宋雅楠、王 逍、李卉馨、金溪文、白 杨、弓 成、陈恩强、刘洪君、朱勇杰、张瑾慧、黄 欢

旧城新"院"——集体记忆下的健康社区养老模式与空间解析

Renovation of the enterprise DANWEI courtyard　Healthy community pension model and spatial analysis from the collective memory

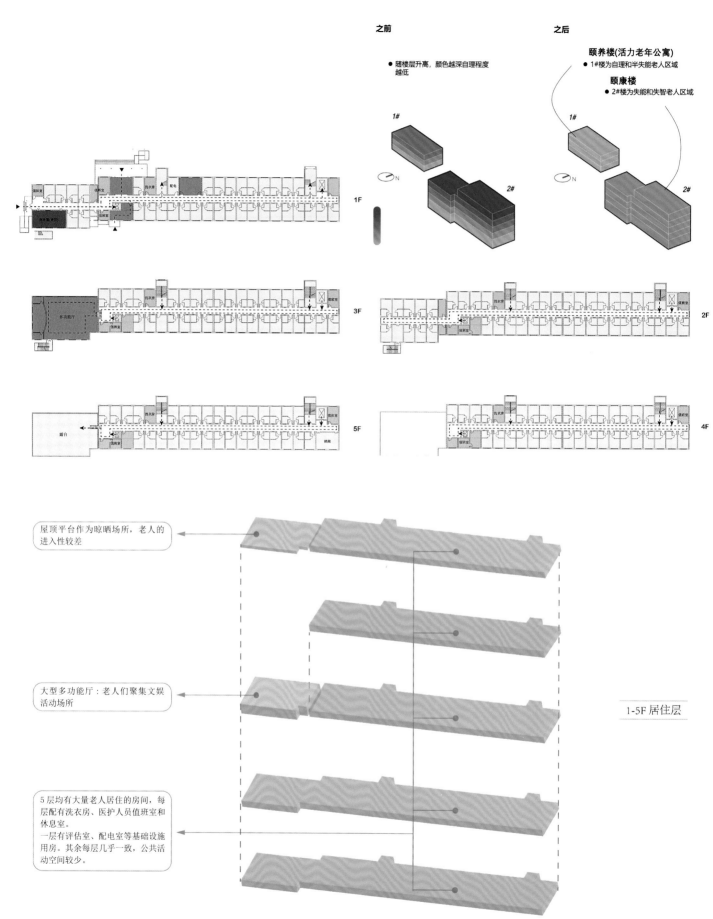

之前

之后

● 随楼层升高，颜色越深自理程度越低

颐养楼(活力老年公寓)
● 1#楼为自理和半失能老人区域

颐康楼
● 2#楼为失能和失智老人区域

屋顶平台作为晾晒场所，老人的进入性较差

大型多功能厅：老人们聚集文娱活动场所

5层均有大量老人居住的房间，每层配有洗衣房、医护人员值班室和休息室。
一层有评估室、配电室等基础设施用房。其余每层几乎一致，公共活动空间较少。

1-5F 居住层

▲前期调研团队3：宋子琪、万 鑫、杨梓涛、陈金妮、姚雨朦、梅自涵、余凌欣、李榕榕、张晓宇、张家瑞、张懿文、周凯喻

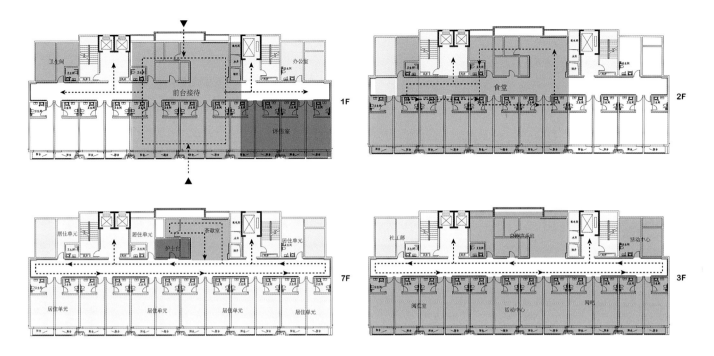

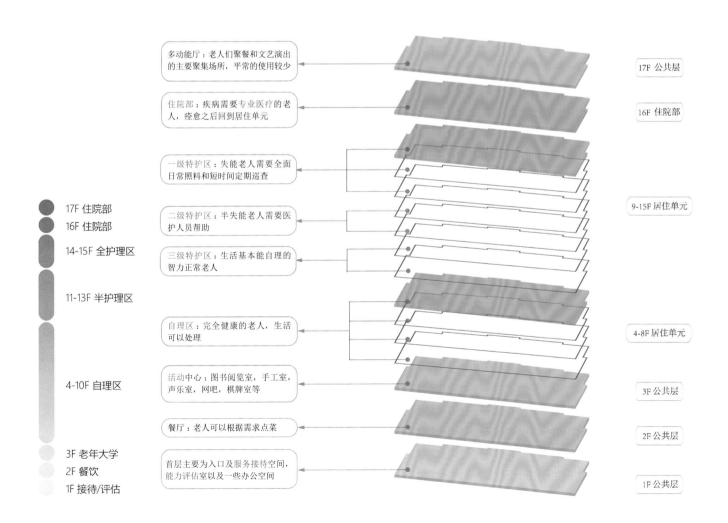

▲前期调研团队3：宋子琪、万　鑫、杨梓涛、陈金妮、姚雨朦、梅自涵、余凌欣、李榕榕、张晓宇、张家瑞、张懿文、周凯喻

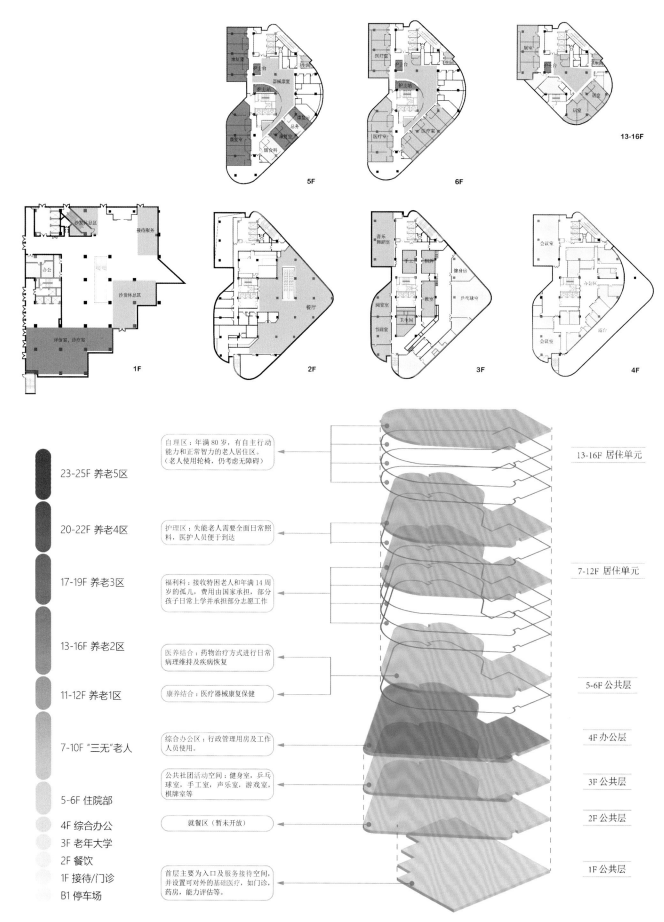

▲ 前期调研团队3：宋子琪、万　鑫、杨梓涛、陈金妮、姚雨朦、梅自涵、余凌欣、李榕榕、张晓宇、张家瑞、张懿文、周凯喻

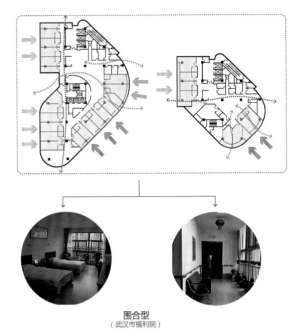

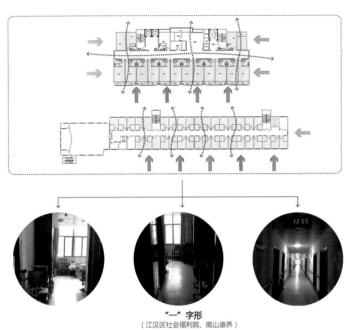

南侧、东侧主要布置老人居室，北向布置交通空间或管理用房，避免完全没有光照的房间。走廊部分也有充足的自然光照。不足之处在于通风没有"一"字形的平面布局合理，中心区域通风不畅。

线性走廊南侧通常设置老人居住空间及公共活动区，北侧设置护理站、值班室、管理室等配套服务用房。但实际情况是，为了节地和经济效益，往往都会设置北侧房间，无法满足日照要求。走廊中段自然光照不足，只能采用人工照明，但"一"字形布局往往通风效果良好。

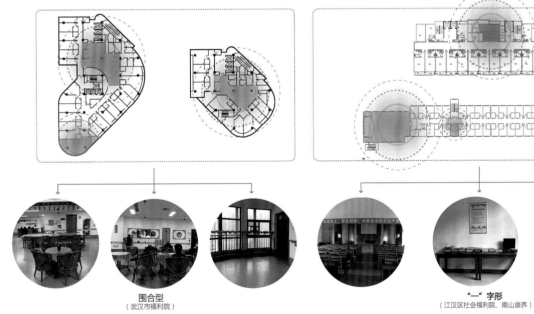

围合型平面的公共空间通常设置在组团的中心，开放性和可达性都很高，并且辐射范围也越大。对于老人来说，走出自己的房间就有一个可以社交、活动的空间十分方便。公共活动空间兼具娱乐、交流、活动的功能，可以提高整层楼的老人的亲密关系的建立。

"一"字形平面布局的公共活动空间通常设置在一侧或者两端，开放性和可达性都较弱，随着开放性的减小，公共空间的辐射范围也缩小。单个公共空间的功能较为单一，无法兼具娱乐、交流的功能，同层亲密关系的建立较为困难，离公共空间较远的老人可能会减弱走出房门去活动的积极性。

▲前期调研团队3：宋子琪、万　鑫、杨梓涛、陈金妮、姚雨朦、梅自涵、余凌欣、李榕榕、张晓宇、张家瑞、张懿文、周凯喻

旧城新"院"——集体记忆下的健康社区养老模式与空间解析

Renovation of the enterprise DANWEI courtyard   Healthy community pension model and spatial analysis from the collective memory

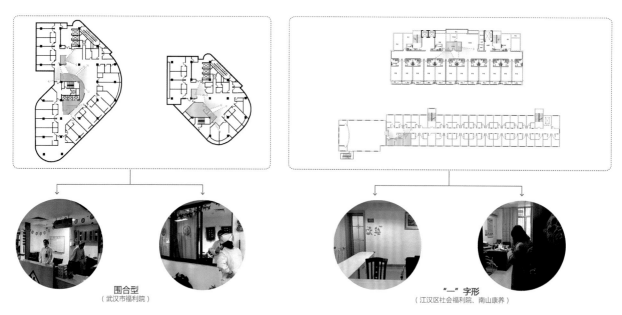

围合型
（武汉市福利院）

"一"字形
（江汉区社会福利院、南山康养）

围合型的护士台、医生值班室或工作人员值班室设置在组团中心，甚至跟公共活动空间相结合，视线范围宽广。护士台和值班室本身的开放性程度也直接影响了老人居室与工作人员的联系紧密性。图示护士台为开放型，医生值班室直接面向内部开窗，老人和员工之间交流十分便捷。适合为护理程度较高的失能失智老人提供服务的养老设施。

"一"字形平面的护士台或值班室尽量会布置在中段位置，但由于两侧都有房间的阻挡，视线和通达性都不高，并且值班室需开关门进出，较为不便，护理人员与老人的联系较为不紧密。适用于对护理服务依赖程度低、主要面向较为健康的自理老人的养老设施。

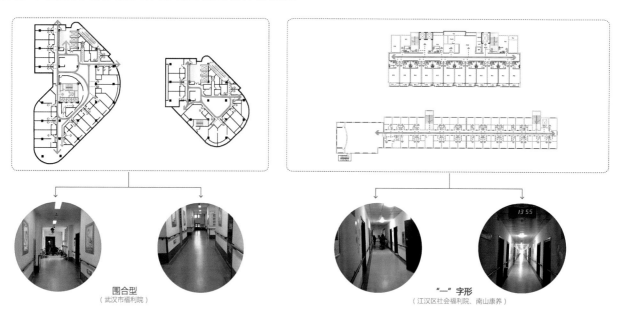

围合型
（武汉市福利院）

"一"字形
（江汉区社会福利院、南山康养）

围合型的平面布置流线复杂，老人可能出现方向感的问题，但好处是可以跟开放性的公共空间结合在一起，使交通空间变得有趣。沿交通空间布置一些座椅，增加交通空间的交流和休息功能。

"一"字形的交通流线虽然简单，但是空间过于均质化，老人可能无法轻易辨识出自己的房间。并且过长的平面，会导致服务流线过长，走廊中段的自然光照不足，并且研究表明，尽端式道路可能引发痴呆症老人的恐慌发作。上述图示的走廊只承担了交通功能，若有人驻足交流则对通行有一定的阻碍。

▲ 前期调研团队3：宋子琪、万　鑫、杨梓涛、陈全妮、姚雨朦、梅自涵、余凌欣、李榕榕、张晓宇、张家瑞、张懿文、周凯喻

3.2 老年人行为观察

以行为需求为主线并呼应主题与地段特点的课题辅导
——武汉青山区老年综合福祉中心联合毕业设计教学实践

林文洁*

1. 地段特点的抽出与主题呼应

联合毕业设计任务书中首先提出了对设计主题的要求:"新旧之间"·老城区社区中的颐老"院儿"。两个关键词,一个是"新旧之间",另一个是"院儿"。由于基地内已有建成并在运营中的养老院,故既有建筑的保留、改建或拆除如何决策,新旧建筑之间的关系如何处理,是本课题要解决的首要任务;同时,设计基地为计控公司生产大院旧址,单位大院儿的特点和记忆能否在新的方案中得以延续,是另一个并列的命题。在共同设计主题的统领之下,每位同学还应当对设计地段特点的分析有自己独到的见解,进而形成各自方案的设计理念。

图1所示方案的设计者李彤同学认为,将居民共享的公共空间渗透到基地的每一个部分,是提升空间整体活力并最大限度地促进不同类型人群之间交流的最佳方法。因此,结合场地现有出入口以及未来城市规划可能的场地开口方向,形成了以现有场地西侧出入口连接场地东侧沿河城市公园的东西方向主轴,和向北、向南延伸的连续步行街。同时,结合医疗康复区、公寓、护理楼等不同的功能分区,形成形态、尺度上有一定差异的院落。另一方面,在建筑群体造型的处理上,提取地段所在的武汉青山区的代表"红房子"的形态特征,形成规则的场地边界,而场地内部的街道和院落则以不规则的折线与之形成鲜明对比——规则部分为包含原有保留建筑的居住与医疗功能的空间,不规则部分为公共空间,以呼应"新旧之间"的设计主题。

图2方案的设计者侯天艳同学关注的是场地中现有的树。现状完好的树木,承载着场地中原有建筑物

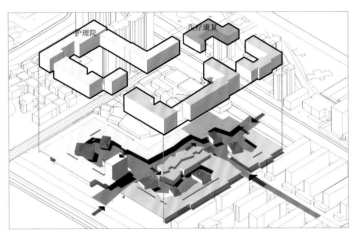

图1 街道、院落及主要功能分区示意图 李彤方案

图2 树木、院落及院落间的相互渗透关系 侯天艳方案

的位置形状、场地空间氛围以及此处所发生的行为、活动的记忆,可谓"记忆的载体、时间的延续"。因此,设计者希望最大限度地保留原有树木,并以场地中部的社区中心为核心,着力对树木与建筑之间的不同空间关系进行设计,营造新的空间体验,让"新旧之间"的记忆得以发生和延续。与此同时,建筑围绕树木,形成了场地西侧的开放式庭院、场地东北侧由社区中心和保留护理楼围合形成的复合型庭院以及场地南侧主要供老年公寓和护理单元的老人使用的半围合庭院。三个庭院之间既相对独立又相互关联和渗透。

*林文洁,北京建筑大学,教授。

2. 健康视角下的功能设定与流线组织

健康视角下老年人的需求，主要包含健康促进、健康管理、康复训练、医疗、护理五个部分。医疗和护理已得到广泛关注，而健康促进、健康管理、康复训练在为老服务中尚未得到普遍认知和推广。对于自理老人，通过身体机能退化预防、慢性病预防、认知症预防以及社会参与、代际交流等促进身心健康，尽可能延长老年人健康生活的时间；对于已患有慢性病的老人，通过锻炼、食疗、定期体检、适宜的药物控制等积极的健康管理，可以延缓病情的进展；脑卒中或骨折患者以及身体机能退化的老人，若能得到及时医治和适宜的康复训练，有可能恢复或部分恢复自理生活的能力，从而提高生活质量，减少护理压力。

大健康主题下的设计课题的完成，应让学生对于健康服务体系有较为全面的了解。相应地，要求同学们在方案中除了常规的休闲娱乐活动用房之外，还需设置防止身体机能退化的老年健身房与户外健身空间、步行与慢跑道等；认知症预防与筛查所需的可供朗读、算术、绘画等的多功能活动室；慢性病预防所用的健康讲座、烹饪教室、户外园艺等功能空间；并设置社区卫生服务中心、康复训练中心、体检中心等医疗、康复、健康管理相关空间（图3）。代际交流有利于加强老年人的社会参与和促进身心健康，这是国际公认的研究结果。我们可以充分利用项目面向周边社区开放的特点，尽可能植入新的功能，例如植物园、烹饪教室、宠物之家、社区图书馆等，为代际交流提供契机，以充分发挥老年综合福祉中心为不同健康阶段老年人提供服务、辐射周边各年龄层居民的社区核心作用。

由于老年人综合福祉中心功能的多样性，使得建筑群体间的功能流线较为复杂，主要包含人流、车流和物流三大部分。人流首先是不同类型使用者从场地外到达各功能区的流线，如周边居民就诊、购物、去往社区活动中心、社区餐厅，家长日常接送幼儿园孩子，自理老人回到老年公寓，家属探望老人等；其次是场地内各功能区之间的可达性，重点考虑去往社区活动中心、社区餐厅的日常活动与就餐动线，自理老人去往体检中心、社区卫生服务中心，介助老人去往康复训练中心的医疗相关动线。车流主要有居住者、来访者与工作人员车辆、

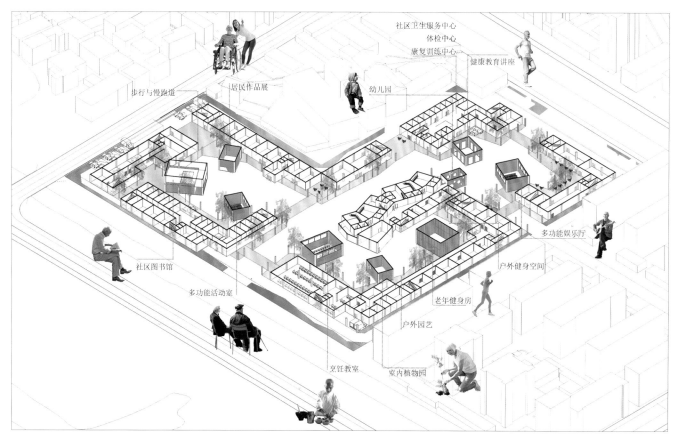

图3 健康视角下的功能空间配置 李彤方案

消防车、急救车；物流则包括餐饮中心的进货流线、送餐流线、厨余垃圾运送流线，以及护理备品的进货、储藏、分配至各护理单元等。图4为方案中对不同功能流线组织的示意图。是否符合各类服务对象人群的行为需求、是否能够确保动线流畅，是衡量建筑群体及单体功能布局和流线组织是否合理的标尺。

3. 行为场景与空间关系设计

空间是行为的载体。一个好的设计作品，不仅能给人带来良好的空间感受，更应为人的使用提供更多的行为可能性。可以认为，一方面，空间设计也是行为场景的设计；另一方面，孤立的单一空间往往缺乏活力，空间之间能够产生行为或视线的互动往往更具魅力。（图5）

值得注意的是，人的行为本身具有极强的吸引力。承载行为的空间具有充分的可视性，将信息向外发散，是突显行为与空间魅力的先决条件。如图6所示，镶嵌于各院落中的玻璃盒子即行为的窗口，一方面让各空间的功能一目了然；另一方面，在提升院落空间活力的同时，也能吸引更多的居民参与其中。我们还需要了解，对于老年人尤其是行动不便的老年人而言，多数活动他们可能无法参与，而观看他人的活动则成为他们日常生活的主要内容。因此，我们需要在设计中提供更多观看他人活动的场所。行为场景与空间关系设计，是本次课题辅导的重点之一。

4. 空间的可识别性

随着老年人视力和记忆力的减退，空间认知能力也随之减弱，需要提高建筑物的标识性、空间的可识别性以帮助老人定位和寻路。既要防止混乱、不可识别，也要避免出现雷同和难以辨别的情况。雷黄景同学的方案（图7）强化了建筑物的可识别性及其与功能空间的对应性。老年公寓、护理楼、医院、共享住宅等特定功能空间分布于场地外围不同尺度的方形体量建筑中，而社区中心、社区餐厅等公共空间及幼儿园，则以弧线形体量配置于场地中部，且体量大小有明显差异。弧形连廊连接所有的建筑单体，可以方便到达任一楼栋。几乎所有位置都具有良好的视线通透性，能够帮助老人迅速确定自己的位置和判断所要前往的路径。

让建筑物在统一中寻求变化亦为有效的方法。如

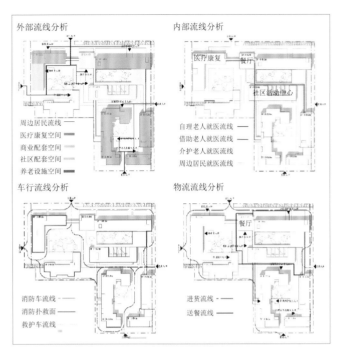

图4　建筑群体功能流线组织　侯天艳方案

图5　社区中心局部透视　侯天艳方案

图6　行为窗口——玻璃盒子　李彤方案

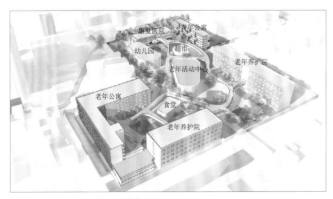

图7　建筑物的可识别性　雷黄景方案

图 8 所示，首先结合建筑功能需求，对建筑物的高度进行调整，形成一定的高低错落，那么每个空间场景的图像就能很自然地产生差异，进而在每个院落的入口处考虑其对景，并结合图 6 的玻璃盒子，进一步强化空间的可识别性。

5. 结语

上述几个方面，是本次课题辅导中在群体关系处理上所强调的要点。当然，建筑单体的功能空间设置与流线组织、护理单元的设计、空间尺度的把握等也有诸多知识需要学习。课题指导过程中，由于对时间节点的把控不足，使得后期在建筑造型与立面设计上缺乏足够的时间推敲，这一点需要在今后的课题辅导中改进。值得欣慰的是，通过本次课题，同学们了解了老年人的行为特点和空间需求，也意识到满足使用者的行为需求是建筑设计的核心。希望能够对同学们后续的学习和工作有持续的良性影响。

图 8　不同院落入口场景——空间的可识别性　李彤方案

[老年人活动类型与空间]

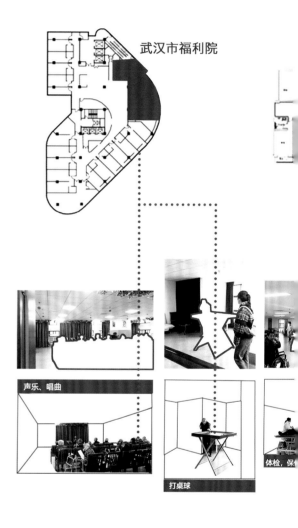

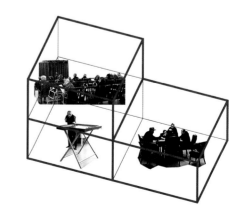

空间与事件的还原：

通过对武汉市福利院、江汉区福利院以及楠山康养公司这三个不同模式养老院公共空间的研究并结合欧几里得的几何化还原抽象空间，排除空间内其他因素的干扰，我们发现，不同的行为活动与空间之间的关联较弱。

空间与事件的重组：

对公共空间进行重新定义，6 米×6 米的矩形框架空间为基本活动单元，每个基本活动单元被赋予不同的主题，与此相对应的是不同事件的发生，那么空间与行为活动之间产生了一种明确的联系，以此增加老年人参与不同活动的机会。

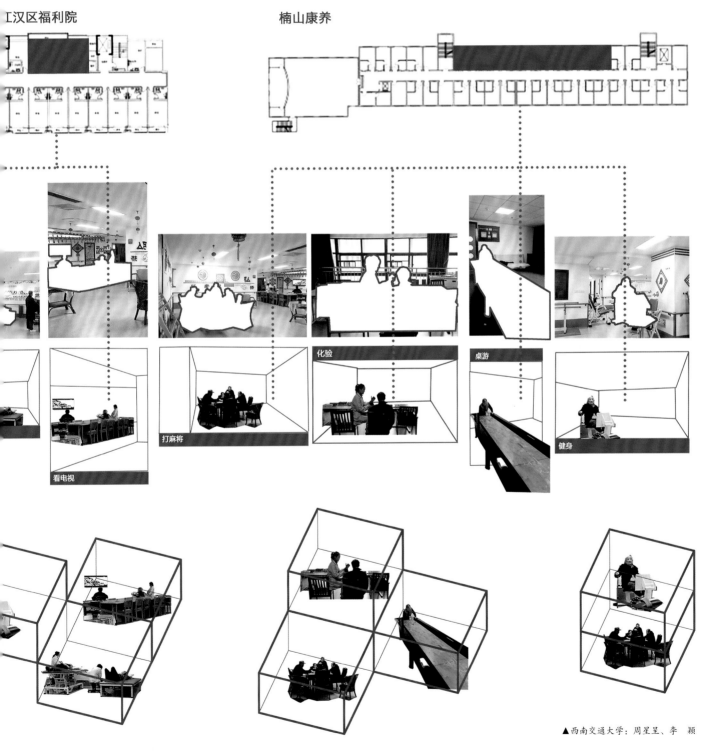

▲西南交通大学：周星呈、李　颖

老人

成年人

年轻人

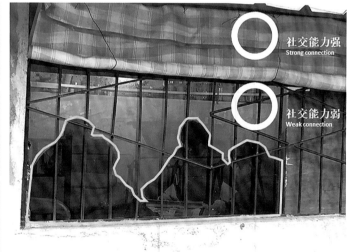

社交能力强
Strong connection

社交能力弱
Weak connection

老年人年龄段分布（岁）　　是否定期检查身体　　　对养老机构是否了解　　对养老模式的选择　　　对老年生活的想法

60-70

71-80

81-90

偶尔

从来没有

定期检查

简单了解

详细了解

居家养老

机构养老

日间照料中心

没什么期待

不给子女添麻

发展自身爱好

男性
male

女性
female

自理老人
Self-care

介助老人
Other's assistance

介护老人
Medical-care

退休员工
Retired workers

农村老人
From countryside

知识分子
Well educated

▲北京工业大学：盛 励、丁 晔、戴 翎

日里的社区活动

逛公园
打麻将
健身
散步
种菜

对社区养老服务的需求

医疗
保健
社交
送餐
家政

选择养老机构的主要因素

费用
生活品质
医疗设施
周边
其他

希望的设施功能

大型超市
培训机构
幼儿园
社区中心
便利店
酒店
菜市场
散步空间

入住养老设施的忧虑

被子女遗弃
生活乏味
关系不好
服务不好

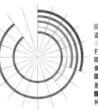

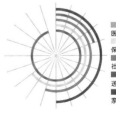

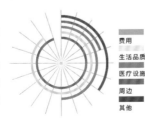

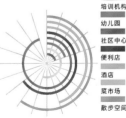

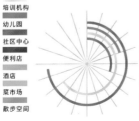

▲西南交通大学：王威力、陈梅一

[基地养老现状调研]

| 邻居 |
| 共享空间 |
| 绿地空间 |
| 公共走廊 |
| 隐私 |

"太平间" 老旧厂房 → 用**艺术**激活**生活** + 老年人 年轻人 → 激活

(1) 基本信息： 楠山康养公司1989年成立，目前有床位391张，入住老人302人。

a- 性别分布   b- 婚姻状态   c- 健康状态   d- 年龄状态   e- 学历状态

楠山康养公司楠山老年公寓前身为武钢行政处养老院，是武汉钢铁公司为收住公司内部的孤寡老人于1989年建设成立的，经过30年的发展，目前一期有床位391张，入住人数302人。

楠山康养与国家发改委签约，成为全国首家提供普惠养老服务的机构。普惠养老支持专业化养老服务机构建设，主要针对长期护理，重点解决失能、失智老年人的养老问题。发展集中管理运营的社区养老服务设施，夯实居家社区养老服务网络。

(2) 空间需求

城市老人   周边老人   年轻居民   外来游客   管理者

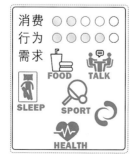

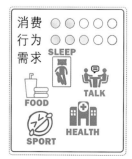

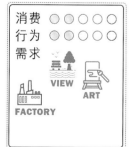

▲ 重庆大学：王 逍、宋雅楠、刘大豪

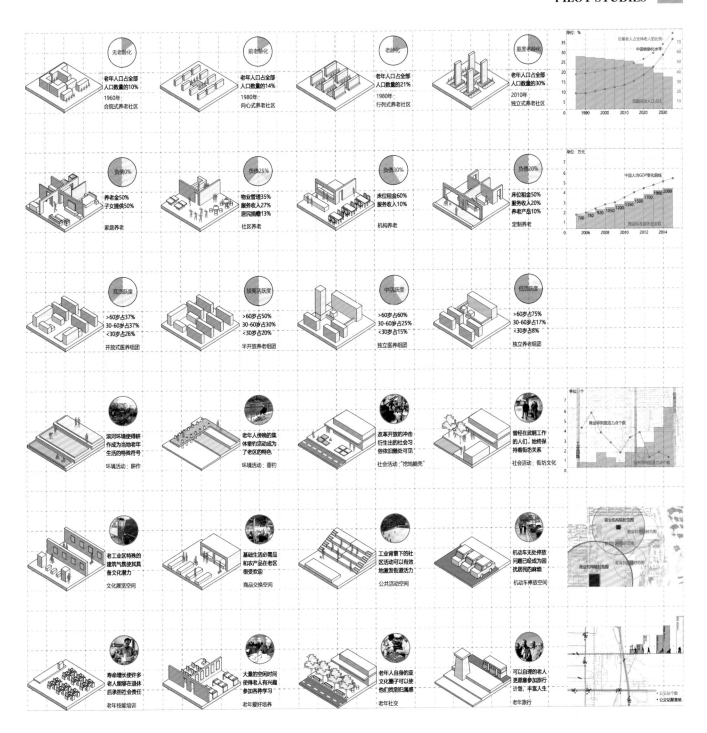

▲ 大连理工大学：吴同欢、李劼威

场地价值

场地内树木，保留下来的工业厂房以及能唤起当地人集体回忆的物件均具有保留的价值，如组成红钢城肌理的红砖及红瓦。

客户需求

有入住倾向的老年人都需要有独立的私人空间供其休息，除此以外有人际交往的强烈需求，老人逐渐重视健康的重要性而加强锻炼。

运营方需求

运营方希望养老院能保持盈利，同时对养老院建设的开销能尽量节省而不会太奢华，最好能展示养老院文化。

周边居民需求

周边居民希望能有更多的公共活动空间进行运动或散步，并能够建设便民设施满足生活上的需求，且经常拜访养老院。

▲ 北京工业大学：盛　励、白　晔、戴　翎

3.3　无障碍体验报告

[轮椅体验]

  1. 轮椅行动速度缓慢，视角比步行低；

  2. 上下坡很困难，需要帮助，尤其是上坡；

  3. 新鲜感很快消失，轮子把手长期用力的酸痛感逐渐强烈。

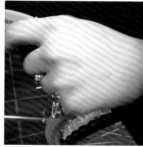

轮椅竞速　　　　　　　　手刹车　　　　　　　　轮子上的握把

女生需要费很大力气才能推另一个女生上坡　　　男生独自上坡较困难　　　　　男生推另一个男生上坡

▲ 前期调研团队1：宋雅楠、王　道、李卉馨、金溟文、白　杨、弓　成、陈恩强、刘洪君、朱勇杰、张瑾慧、黄　欢

1. 校医院幼儿园路线

　　体验者：雷黄景、丁晔、盛励、戴翎

　　（1）撑伞困难、陪护人员也难以帮忙打伞；

　　（2）自行上下缓坡不好控制速度；

　　（3）就医时够不到挂号、收费窗口；

　　（4）坐电梯时无法选择高楼层按钮与报警按钮；

　　（5）目光平视高度，可视范围缩小。

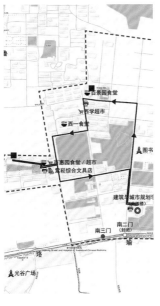

2. 食堂宿舍路线

　　体验者：余苗苗、林莹珊、陈殷、吴家璐、吴同欢

　　（1）过缓冲带的时候感觉特别颠；

　　（2）遇到台阶根本上不去；

　　（3）无障碍坡道太少且被占用；

　　（4）就餐摆正轮椅困难；

　　（5）宿舍安全逃生口常年关闭；

　　（6）雨天操作易弄脏双手；

　　（7）缓冲带难以通过。

3. 菜市场路线

　　体验者：吕洁蕊、侯天艳、李劼威

　　（1）陡峭的坡道；

　　（2）突出的减速带；

　　（3）不同铺装交界处的高差；

　　（4）过于松软的泥地道路；

　　（5）铺装的差异带来不同的颠簸感。

▲ 前期调研团队5：盛　励、丁　晔、戴　翎、侯天艳、雷黄景、李劼威、吴同欢、林莹珊、吴家璐、陈　殷、吕洁蕊、余苗苗

- 旧城区 · 记忆重构
- 适老化设计

唤醒武钢记忆的综合老年福祉中心

张　倩　石　英 *

2019 年由华中科技大学主办，北京工业大学、北京建筑大学、重庆大学、东北大学、大连理工大学、哈尔滨工业大学、河北工业大学、西安建筑科技大学、西南交通大学、清华大学、沈阳建筑大学共 12 所高校建筑学专业师生共同参与的"大健康建筑联合毕业设计"在武汉圆满举行。此次联合毕业设计面对 2014 级建筑学专业本科生，旨在资料调研学习、现场实地踏勘的基础上，通过 12 所高校教师的联合指导、答辩和公开评图，考查同学们掌握适老化建筑单体设计与群体建筑布局以及与周边城市环境相协调的综合设计能力，为经过五年建筑学专业教育的同学们展示自身的综合素质和能力提供了很好的舞台。

1. 教学阶段组织

西安建筑科技大学建筑学院，由张倩老师、石英老师作为指导教师带队，共 8 名学生参与本次联合毕业设计。整个毕业设计包含第 9 学期的文献学习与研究以及第 10 学期的毕业设计与研究两大板块，其中毕业设计与研究阶段又分为三大阶段：第一阶段为现场调研、问题分析与概念设计阶段；第二阶段为规划结构、群体布局、城市设计阶段；第三阶段为重点核心建筑方案详细设计阶段。

（1）文献学习与研究

本次西安建筑科技大学的大健康联合毕业设计工作从第 9 学期开始，依据大健康和适老化设计的题目进行资料收集，并展开文献研究和毕业实习工作，由指导教师组织学生进行文献搜集、解析研讨，并选择适宜的养老设施展开实地感受与调研。

指导教师首先结合大健康主题进行相关内容与理论的讲授，并组织学生收集、整理、分析、研究与大健康和老年建筑与环境相关的文献资料，包括设计案例资料、期刊论文、硕博论文、政策法规条例等；对相关理论、案例与我国现行相关规范进行集中讨论，从资料学习与研究中，指导学生认知老年人的基本概念、养老模式、现行规范等；总结大健康背景下我国当前老年建筑与环境设计研究的现状与未来发展趋势，从资料解析中总结可以学习借鉴的经验与启示。确定不少于两个可以进行实地调研的老年建筑案例，通过实地探访，获得对老年人的生活状态和空间环境的亲身感受，了解当前实际建设中的老年建筑与环境的客观现实情况。通过观察、访谈、记录，总结当前建成的实际案例的优势与不足，为今后个人的设计方案提供现实参考依据。根据资料学习的成果，拟定毕业设计基地调研提纲，明确进行基地调研时应收集和掌握的相关基础资料。

第 9 学期的多次分析、汇总、研究、讨论等环节的开展，为同学们后续毕业设计阶段的深入设计打下了坚实的基础。

（2）毕业设计与研究

从第 10 学期第 1 周开始，进入正式的毕业设计阶段，为期 16 周的毕业设计可细分为以下三个阶段：

①基地调研、问题分析与概念设计

开题时赴武汉对基地进行详细的现场踏勘和调研，并对基地内的楠山康养公司、武汉市福利院和江汉区福利院等，集体调研参观。按照拟定的调研提纲实施全面的调研，通过资料收集和现场踏勘了解规划对象所处的城市背景，社会经济发展状况，规划地段及其周边环境的整体状况。深入了解规划设计地段的社会经济发展状况、物质空间环境建设情况。

基地调研时，指导学生注意基地周边的建筑性质、道路交通现状，以及基地内既有建筑、道路、绿化景观等现状情况，以便对于现有的建设现状，提出适宜的保留与改造策略。同时指导学生调研时要近距离观察老年人的日常生活，与生活在养老设施里的老人进行交谈，了解他们的精神需求和生理需求。对养老设施建筑设计布局等进行细致观察、研究，提示学生观察轮椅的行进

* 张　倩，西安建筑科技大学，教授；石　英，西安建筑科技大学，讲师。

方式、老年人的睡眠习惯、护理台设置使用等细节，要善于发现问题、提出问题，提出规划设计的指导思想、原则和目标，确定规划设计理念。

②规划结构、群体布局、城市设计

确定了明确的设计总体目标之后，细化任务书，引导学生研究基地的功能构成、规划结构，提出建筑群体的总体空间布局，并与周边城市环境协调、融合。

基地前身是武钢生产配套用房，曾经的武钢人在此留下了辉煌的记忆。然而，目前基地内运营的养老机构亟待转型，引导学生将武钢记忆与养老产业结合，重新唤起基地的场所记忆。帮助学生细分任务书，要求用思维导图方式，如图1所示，对任务书各个空间的功能构成、技术经济指标进行清晰明确的界定，为后面的单体设计做好扎实的基础工作。在处理对场地的利用和道路交通系统组织时，引导他们形成一个开放、便利、公共、时尚的社区老年综合福祉服务中心，建筑的形态分清重点，引导各部分人流顺利找到各个功能建筑的出入口，并规范整体建筑的体量、尺度、形态关系。

设计中，一部分学生了解大院的前身、红房子的记忆后，通过建筑周边围合式的空间组织方式，创造出与基地文化契合、环境契合、场所精神契合的新型城市社区老年综合福祉服务中心建筑群；另一部分学生从城市设计角度，试图从社区文脉延续和生活记忆体验出发，使与武钢文化相关的老人与年轻人重新在此聚集，传承知识、经验与技艺，形成集社区养老综合体、老人公寓、代际公寓、社区活动、文创中心与商业区为一体的老龄创客福祉中心，希望各个年龄段的人们都能在这里找到自己的黄金时代。

综合来说，这个阶段引导学生设计符合基地要求的社区老年综合福祉服务中心建筑群，建立具有多功能、复合型、兼顾代际互助与医养结合为主的养老模式，以功能聚合的模式组织建筑群体空间。

③重点核心建筑方案详细设计

以大健康老年综合福祉服务中心整体空间布局设计为基础，引导学生从中选取不同类型的重点核心单体建筑进行详细设计。若选择居住类建筑，要求结合个人总平面方案，对居住建筑进行类型化研究，梳理总平面中出现的各种不同类型的居住建筑，分析其居住对象、居住生活模式、居住面积标准、组群组织特点等，完成一组居住建筑群体空间的底层环境设计和其中典型居住建筑的平面、立面、剖面以及整体建筑造型设计。若选择公共建筑，要求选重点核心的典型公共建筑，完成公共建筑底层及外部空间环境的详细规划设计和建筑平面、立面、剖面以及整体建筑造型设计。

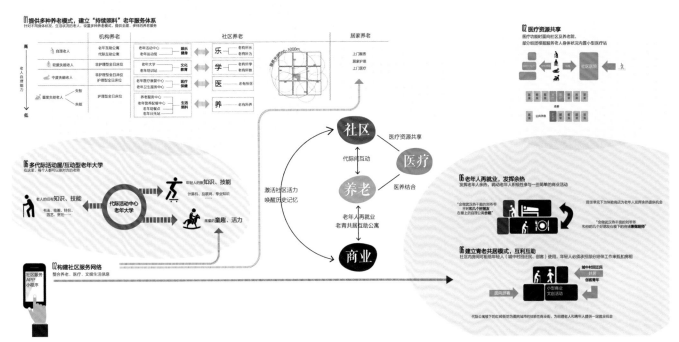

图1　养老服务体系思维导图

引导学生针对不同人群采取不同类型、不同规模和不同空间组合的建筑组团形式，并对相近功能进行整合，达成资源共享的目的。建议学生设计集社区服务与介助、自理老人居住的社区养老综合体，介护、失智老人的医养结合公寓，并可在地段中引入代际混居式公寓的做法，让老年人与其他年龄群体共享阅览、用餐、休闲、商业、活动等公共空间。通过代际间的交流与互助，为老年人的生活注入活力，为不同年龄群体创造开放、融合、活力的混居生活模式，为社区的各类人群设计出充满记忆和温度的地域融入型综合老年福祉中心。

在进行建筑单体深化设计时，要求学生从不同身体状况的老年人行为特征考虑，对建筑细部做适老化、精细化设计。以失智老人组团为例，研究失智老人的特点与生活习性，从照护服务的便利性、安全性出发，对于这个功能模块建筑宜相对独立设置，出入口要求独立并具有一定的隐蔽性，交通组织具有可环绕、可徘徊的特性，符合失智老年人的行走习性，并避免居住在其中的失智老年人的走失。通过建筑单体的深化设计，让学生充分了解并掌握老年设施以及建筑适老化设计的要点。

2. 教学研讨细节

（1）过程推敲与成果表达

对每一位建筑学专业同学来说，毕业设计是其5年专业学习中的最后一次、也是最为综合的一个设计作品。在整体设计过程中，要求学生每一次方案都以草图、手工模型、计算机模型等多种方式结合来推进，以二维图纸和三维模型成果的形式，直观地反映设计的变化和进展（图2）。并且将所有过程的图纸、模型全部保留，在中期和终期两次答辩中呈现，以求完整体现不断变化的设计过程（图3）。成果图纸必须具备合乎主题的感染力，被感动的不仅仅是本专业人士和同龄人，还应包含年长者、普通居民等。因此，鼓励学生使用自己掌握的所有

图2　教学过程照片

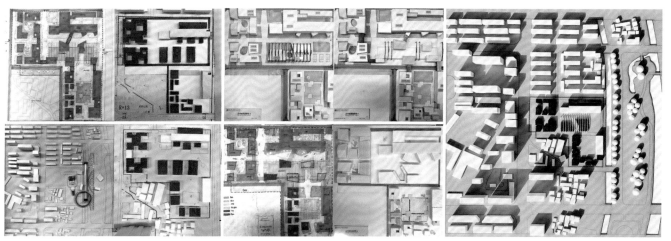

图3　过程模型

专业技能，保证最终设计成果的表达不仅反映其设计理念的内涵，也是所掌握的各种表达技能综合体现的一个成果（图4、图5）。

（2）逻辑思维与口头表达训练

在指导设计的全过程中，每个阶段的小结性课程，均要求学生结合草图、模型的阶段性成果，进行完整的方案介绍训练，包括现状分析、设计理念、设计方案、设计细节等。以日常多次汇报训练的方式，帮助学生不断梳理并厘清设计逻辑、明确汇报重点，理顺设计架构的完整性和连续性，并彰显设计亮点，锻炼学生的临场发挥能力，让学生练习对于场地、时间的操控能力。在本次12个院校参与的2019大健康建筑联合毕业设计中，通过师生们的共同努力，最终西安建筑科技大学的同学们取得了优异的成绩，获得了2项联合毕业设计"优秀作业奖"和1项联合毕业设计"最受欢迎奖"。

2019大健康建筑联合毕业设计帮助学生对五年来所掌握的专业知识、理论和技能等情况进行一次总结。通过这次毕业设计，增强了年轻人对老年人生活的认识，唤起年轻人对老年人的关爱意识。对于大健康领域中的建筑设计来说，此次的毕业设计实践虽然已经圆满结束，但这只是一个小范围、实验性的尝试和探讨，更全面深入的研究与思考还有赖于今后继续保持对该领域的关注与研究。我们的目的，正是在今天的年轻人心中播撒一颗种子，让20岁的年轻人深入理解老年人的身心特点、生活需要及其对养老机构的运营管理与服务要求，从而更好地在今后对于我国的老龄化发展有正确的认识，将适老化的设计理念贯穿在建筑设计的方方面面，共同推动中国养老事业的发展与进步。

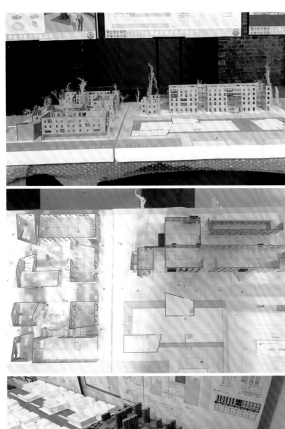

图4　最终成果模型　　　　　　　　图5　最终成果表达

旧城新"院"——集体记忆下的健康社区养老模式与空间解析

Renovation of the enterprise DANWEI courtyard   Healthy community pension model and spatial analysis from the collective memory

4.1 旧城区·记忆重构

转炉中火红的钢花，奋发图强的火红岁月

这里是武汉不可缺少的"十里钢城"：来自全国各地的工人和家属集结在此，每天的生活忙碌却又充满了希望。20世纪50～80年代，中国通过人民公社和单位制度对人口实行集体化和工业化，进行社会和空间重组。1954年，武汉市青山区建立武汉钢铁公司，成为华中地区的工业重镇。武钢承载了武汉的发展，成就了武汉的辉煌，承载了武汉人民的记忆，其单位大院为当今武汉奠定了基础，影响仍清晰可见，成为中国独特的城市遗产。

只要集体生活仍然火热，礼堂就不会冷清

中国社会与城市的建构自古以来就依赖于框架，从四合院到单位大院，框架塑造着群体的概念也定义着每个人的身份。作为单位配套的医院、学校和俱乐部等则是人们生产和居住之外的重要场所，是另一种集体生活的空间。娱乐共享空间以及篮球场等作为中心场，将周边的居住单元凝为一体，在医院附近的小公园、居于中心的礼堂等核心组织凝聚着整个场域。在这里举办的各种活动，曾牵动着全体人员的喜怒哀乐。20世纪90年代后，社会从政治重心到经济重心的完全转型，以及集体经济和国有企业的式微，使得一个个喧闹的礼堂变成了荒寂的空场。

单位大院｜记忆　　　　中心场｜辐射　　　　集体形制｜内化

城市｜中国式大院

武钢与其单位大院是独特的中国城市遗产，以青山区红房子为参照，尝试延续其独有的场所精神即集体形制。用开放的态度面对城市，每个院落都服务于紧邻的城市空间，建立一种基于集体性、介于公共与私有之间的街区模型，将周边的居住、医疗与商业单元凝为一体，希望通过建筑为周边带来积极影响。

空间｜后集体主义

在建筑层面，提供结构化的"院"这个空间概念。在某些程度上，"院"并不是物理空间中的一个真实存在，而只是一种集体想象，但正是"院"这个概念加强了集体性。活动区作为整个场地的中心场来组织场地，由中心场而形成活力域，辐射到周边区域，各个功能分区内也由其内部的中心场组织周边建筑，使集体形制内化式地再生。

▲西安建筑科技大学：王子恒、岐　麟

红房子是艺术，更应该是生活

始建于 20 世纪 50 年代的 3 层小楼，红砖、红瓦、红窗户，安静而悠闲，这里曾是十里钢城最令人艳美的"高档住宅"，是整整两代青山人的记忆。这一团团红色的建筑，守护着武钢人，见证了红钢城和武钢从红火归于平静，也见证了青山从钢铁工业城变成商圈林立的繁华之都。如今红红的墙面上绿绿的爬山虎，不少窗台上的鲜花零星开着，生命与破败夹杂在一起，有一种苍凉的美感。

变的是环境，不变的是记忆和希望

许多老人在里面，一住就是一辈子。随着时代的发展，红房子还是逐渐显露出老态，住在这里的人也越来越少，已感觉不到当年的自豪和舒适。道路依然是整整齐齐，庭院中的杂草有一人高，藏在草丛中的石梯、凉亭、石桌、石凳展示着曾经的生活气息。如今少有居民走动，已不见当初街坊四邻闲话家常的景象。阳光从树叶下穿过，一切好像都没有变化。

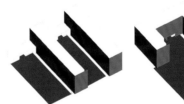

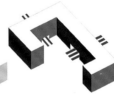

城市边缘 | 街坊　　　空间重塑 | 聚集　　　空间融合 | 转变

建造 | 红房子

中心场保留原厂房结构，用覆盖的红色混凝土作为对红房子的回应，用竖向的钢结构对柱进行加固，加强结构表现，使建筑在整个场地中以构筑物的形式呈现。在周边建筑表面无差别地覆盖红色混凝土，增强建筑的抽象性，以强化红房子这一城市记忆，让红房子以另一种方式去留住老一辈武汉人的记忆。

养老 | 地域融合型养老设施

尝试在老龄化趋势严重的城市边缘地带挖掘鼓舞人心并且吸引人的特质，完成消极空间向积极空间的转变，形成一个有机体系，创造一个地域融合型的养老设施，模糊围墙的界限，将周边社区的老人重新聚集在此，使红房子与围墙外的世界融合。

▲西安建筑科技大学：王子恒、岐　麟

旧城新"院"——集体记忆下的健康社区养老模式与空间解析

Renovation of the enterprise DANWEI courtyard   Healthy community pension model and spatial analysis from the collective memory

1954

首批苏联援建工程，鞍钢工人来到武汉，南北人民共同建设武钢。

1958

一号高炉的第一炉铁水，毛主席来到武钢。武钢成长为"共和国钢铁长子"，青山的骄傲。

2008

高速发展过后的钢铁行业，产能过剩，面临危机。

2016

大量裁员，宝钢、武钢合并。

为解决职工住房困难，红钢城分为三个阶段开始建设。混合的口音，包容的红房子，三代钢铁人居住在这里。

▲西南交通大学：陈梅一、王威力

青山区又被称为"十里钢城"，自1954年毛主席批复成立武汉钢铁厂以来，青山区围绕重钢铁、重工业，以及相关居住配套设施进行建设，整个区域形成以武汉钢铁厂为中心，东西两侧为配套居住区的形式。我们的基地就位于极富特色的西部红房子片区内。

由于青山区优越的交通情况，武钢选址于此，从此天南海北的人才聚集此处，大批工人亟须解决生活、居住问题。因此开始红钢城的建设。从街区规划来看，有强烈的苏联社会主义计划经济的规划痕迹。街区统一标准，用数字命名。

随着青山区与武钢的发展，建筑密度逐渐增大，原有的红房子从围合式发展为行列式，再到如今渐渐被集中式住宅取代，建筑高度与密度越来越高，但红房子仍是红钢城的标志、青山的骄傲、抹不去的武钢文化。

红房子片区

现存红房子范围

 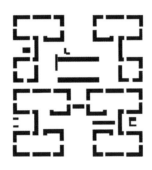

建设时间：20世纪50年代中期
分布街区：主要分布于8～10街坊，
　　　　　现存8、9街坊最为典型
特　　点：典型苏联式建筑特征
　　　　　3层红砖结构
　　　　　内廊式布局

建设时间：20世纪60年代
分布街区：主要分布于3～7、11街坊
特　　点：行列式布局
　　　　　外廊式
　　　　　4/5层为主

建设时间：20世纪70年代
分布街区：主要分布于12～30街坊
特　　点：行列式布局
　　　　　水泥砂浆材质平屋顶
　　　　　5/6层为主

▲西南交通大学：陈梅一、王威力

旧城新"院"——集体记忆下的健康社区养老模式与空间解析

Renovation of the enterprise DANWEI courtyard　Healthy community pension model and spatial analysis from the collective memory

▌历史沿革

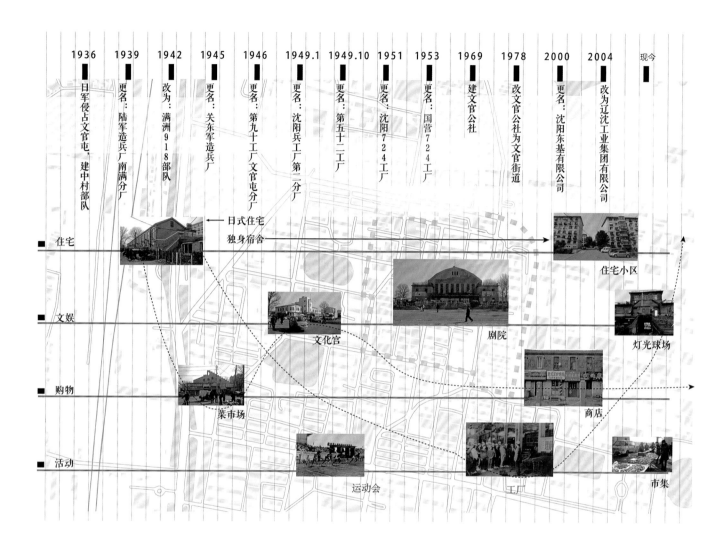

▌场地周边

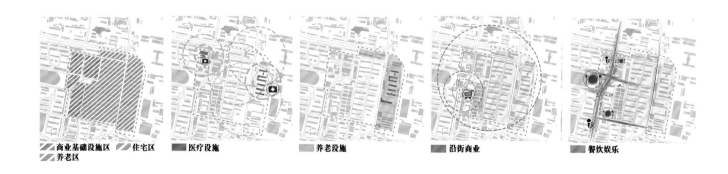

▲沈阳建筑大学：迟　铭、薛佳桐

▌城市尺度

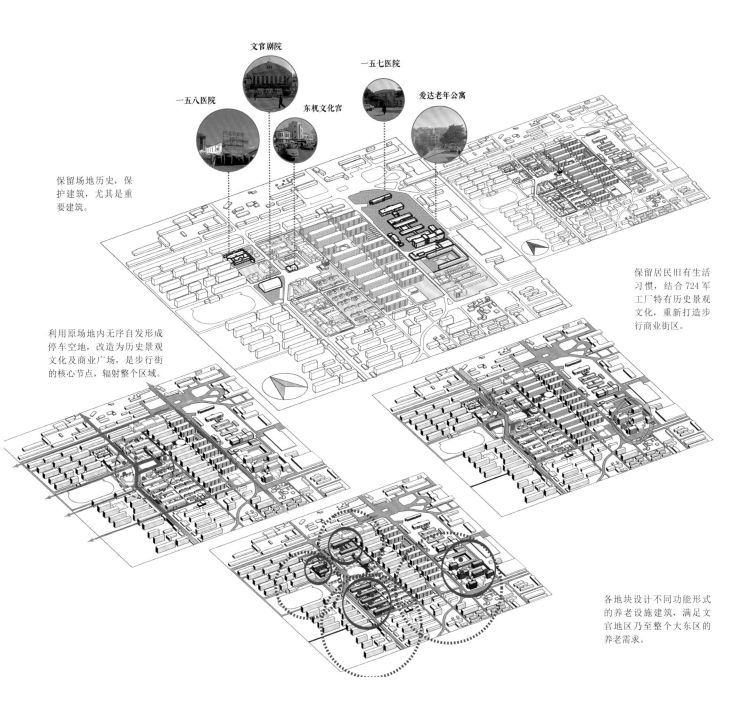

一五八医院

文官剧院

东机文化宫

一五七医院

爱达老年公寓

保留场地历史，保护建筑，尤其是重要建筑。

利用原场地内无序自发形成停车空地，改造为历史景观文化及商业广场，是步行街的核心节点，辐射整个区域。

保留居民旧有生活习惯，结合724军工厂特有历史景观文化，重新打造步行商业街区。

各地块设计不同功能形式的养老设施建筑，满足文官地区乃至整个大东区的养老需求。

▲沈阳建筑大学：迟　铭、薛佳桐

旧城新"院"——集体记忆下的健康社区养老模式与空间解析

Renovation of the enterprise DANWEI courtyard   Healthy community pension model and spatial analysis from the collective memory

▌集体生活

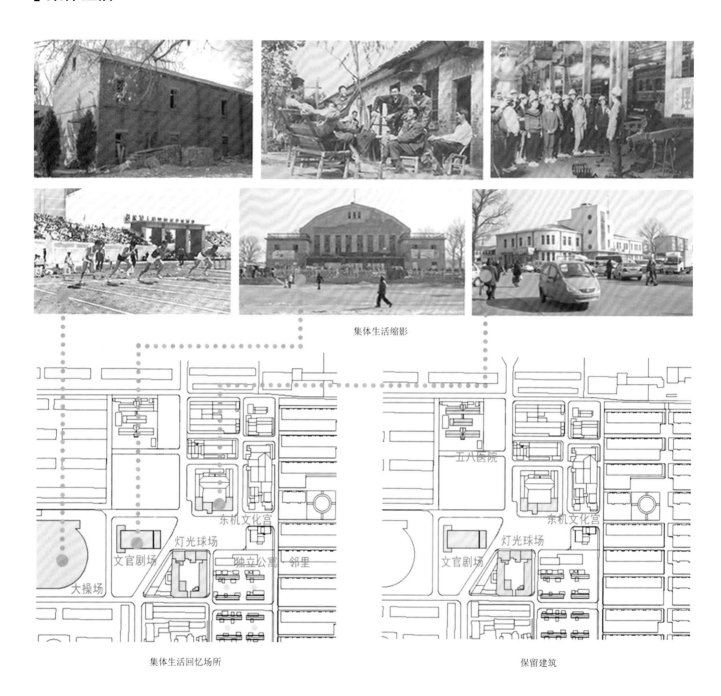

集体生活缩影

集体生活回忆场所   保留建筑

本设计选址为旧 724 工厂地区，旧时集体大院生活和集体主义下的社会生活赋予该地区极多的集体记忆，场地内仍留存着诸多具有记忆承载能力的保留建筑。但旧日已去，当下生活在这里的人们生活状况与过去的辉煌景象大相径庭，人口老龄化严重、老年生活乏味、社会生活场所丧失、人员流散……由此，解决养老问题，营造适老生活，寻回、重振逝去的荣光和活力，为过惯了集体主义生活的老年人提供适合他们的生活、社交空间，将 724 工厂文化展示给城市，并为城市添加活力，是本设计的核心。

▲沈阳建筑大学：高　腾

集体生活

Ⅰ 自我生活：邻里关系："几个人住宿舍时候还好，一条走廊谁都认识谁，热闹！搬出去以后虽然邻居也不少，但是照面还是少了。尤其现在都一家一房，邻居有跟没有似的。"

"邻里关系"
"一家人"
"家庭氛围"

Ⅲ 自我生活：居家活动："在家就看看电视翻翻书吧，手机电脑也捅咕不明白啊？"

组团 Z

组团 Y

· "串门"
· 院子 · 晾衣服
· 院心 · 邻里交际
· 望风透气的地方
· 户外活动

网咖置入 ·
与时俱进 ·
老人自身渴望改变 ·
抛除刻板印象 ·

Ⅱ 自我生活："大院心"："那时候屋都不大，吃完饭还是比较喜欢大家一块在院里遛遛，说说话"。

A 社会生活：老柜台百货："现在在商场都自选了，以前啥东西都是摆柜子里的"。

铁网架

柜台 ← 柜台叫卖

B 社会生活：说书人茶堂："那时候也不喝啥饮料，老头几个一聚，整点茶水一泡，唠唠嗑就过去了。"

C 社会生活：理发店："头发白了得染啊，要不待着也没事，我们几个老姐妹儿就在这聊闲唠呗。"

E 社会生活：户外空间："冬天？冷也得出去走走啊，就是没个待的地方。"

D 社会生活：工厂 | 车间 | 流水线："我们车间一个大屋，流水线作业，旁边都是人，一干就是一天。"

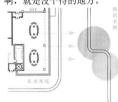

▲沈阳建筑大学：高 腾

形体生成

1. 拟定区域

2. 可布置养护院区域

3. 拆分独立居住单元

4. 生成体量

5. 体量计算变形

6. 布置补充功能体量

7. 植入当地元素

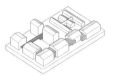

8. 填充连接体

界面分析

记忆点观察界面

城市活动观察界面

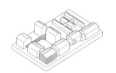

日照界面

广场界面

养老院私属体量

共享开放生活体量

养老生活静向体量

社会生活活动向体量

基于空间行为分析的综合福祉类建筑设计研究教学

刘　晖　谭刚毅　白晓霞*

摘要

行为分析理论在建筑类型设计中的应用并不少见，在设计前期调研阶段尤其常见。在社会深度老龄化、养老模式多元的背景下，基于空间行为分析构建设计研究内容，从空间行为结构认知、空间转译及分析手段三个层面，通过教学模式的组织，尝试探讨福祉类建筑研究设计的系统设计方法，将空间行为调查分析研究作为一种对老年人、儿童等弱势群体的日常行为模式和空间使用关系的探索，从而为设计创新提供更为理性的思考。

关键词

设计研究；空间行为分析；研究设计；教学模式

1. 引言

作为国内高校建筑学与城市规划专业学生必修的专业基础课之一的课程，《环境心理学》让学生在设计主干课中开始关注建筑环境、行为的相互影响与行为功能研究，设计作品中不乏场地调研分析、环境—行为信息图解、场地氛围塑造、空间认知和地图解读等设计切入及方法，作品中有了更多的"人"气，因此更加动人。不过，多数环境—行为分析应用结果呈现出即兴式、碎片化、片段式的特征，重结果、轻过程，从而忽视在设计过程中，结合不同建筑类型形成一种可持续、有针对性的设计工作程序和系统性设计方法，最终不能发展为理论与设计整合、教学与科研相长的设计研究教学模式。

近年来，综合福祉建筑充分反映出特殊群体行为对场所的特殊需求，从科研及设计实践，其环境心理学视角下空间使用模式的研究也越来越受到重视。如何通过对设计研究的教学组织，探讨设计过程和方法，笔者通过大健康领域联合毕业设计教学实践有所尝试。

2. 综合福祉建筑设计的空间行为分析

（1）空间行为分析理论与方法

空间行为分析方法以环境心理学中的行为主义及交互行为心理学为依托，提出从行为需求要素上设计符合人性需求的空间。通过对个人空间与人际距离、空间的私密性、领域性及拥挤感等分析，旨在了解个人在空间中社会互动的固有方式及其心理需求。早在1975年，约翰·祖塞（John Ziesel）就提出了建立基于行为的设计过程[1]，因当时很难诉诸设计全过程实践而逐渐被人淡忘。

福祉类建筑设计主要以特殊空间使用者为中心，建筑类型偏重基于行为对建筑显性和隐性功能的研究。老年人、身心障碍者、儿童等弱势人群作为空间的主要使用者，其行为活动能否得到充分满足和拓展，是鉴定空间是否适宜、完善的重要指标。"良好的综合福祉设施不仅是弱势人群接受各类服务的场所，也是提高他们的主体意识、改善身心状态的场所，乃至成为促进不同居民间的交流、增进彼此理解与信任的社区据点"。[2]空间行为分析无疑对混合多样化功能、营造交往空间场景、居住空间精细化设计等都提供了行之有效的方法。

（2）基于空间行为分析的研究设计

综合福祉类建筑作为毕业设计课题，既顺应人文关怀现象下对城市快速发展中老龄化问题的思考，又促进大健康理念下对环境促进健康生活行为模式的专题设计研究。由于有限的生活阅历，对福祉类建筑中主体使用者老年人或儿童而言，其行为模式并不为大多数学生所

---

* 刘　晖，华中科技大学建规学院，副教授；谭刚毅，华中科技大学建规学院，教授；白晓霞，华中科技大学建规学院，讲师

熟悉，从使用者的行为研究出发，很大程度上避免学生习惯性凭感觉设计，鼓励集中满足特殊使用者的需求，畅想空间效率、弹性设计及应用绿色技术创建安全舒适场所，突显对人性的呵护。设计研究内容围绕研究主题、资源学习、分析方法展开（图1），教学过程以问题为导向，从基本和核心问题中触发设计概念。问题侧重点各不相同：各种空间影响要素如何在老年人和其他人群中相互关联？"集体记忆"下老年人的行为模式如何决定养老空间的环境层次和组织关系？支撑和维护老年人和儿童的典型生活模式的空间场景类别，其表现逻辑和形式是什么？老年人和儿童行为事件与空间的流动和边界是什么等。

3. 空间行为研究设计的工作方法

（1）空间行为分析结构认知

根据设计研究内容框架，设计研究工作首先始于对空间行为结构的基本认知。在解读空间行为理论方法后，对于空间行为关系的架构其实不难建立，由此为设计前期调研及过程中对老年人或自闭症儿童行为的图解分析

提出了指导性原则（图2）。通过福祉类建筑设计前期及中期文献学习、参观、体验与调研及案例分析，空间行为结构经过转译，形成"需求、行为和空间"三者间多变的、具有老年人和特殊儿童空间认知特点的个性化行为关系拓扑图，凭借不同设计工具，最终尝试功能细化后的精准设计与空间形式的统一（图3）。例如，可以借助认知地图的方法，以"路径、节点、距离、密度、使用者、事、时"为要素，图解空间行为分析模型，从交往—私密—包容三个空间层次，以及使用者日常、自发、组织、特定行为活动的多个环节，分析特殊使用人群及其社会关系群体组织的活动特征和规律，建立不同空间结构之间的映射关系。

（2）空间行为观察与图解分析

设计中对于设计标准和技术应用，设计方法依赖于软件模拟计算分析结果。而针对特殊人群使用者，在不了解其行为特点的前提下，探讨其行为与空间的关联，空间行为观察无疑是一种行之有效的设计方法及难以逾越的设计过程。对空间行为观察的方法主要依靠文献阅读、实地调研及案例学习，借助图绘记录与图解思考，

图1　设计研究内容与组织方式框架（自绘）

图2　空间行为结构的认知框架（自绘）

图3　张倩，《社区织补，代际互助》空间行为图解

找到设计中实际问题的解决方案。

案例学习和调研分析中，抄绘养老建筑优秀作品平面、剖面并重组，增加跟踪调研、体验专题、行为描述和空间再现标注等，为抽象的文献案例学习提供了一种行之有效的方法补充。

案例学习要求以养老设施的空间使用者需求为重心，选择和课题具有类比性和相似性的老年照料设施建筑，借助空间行为分析结构认知，聚焦问题，图绘图解分析收集、提取、再呈现，提出的关键问题与课题关键词，梳理建筑使用者与空间氛围、场所、尺度及其隐性的关联，规避过往从形式借鉴到形式的方法。

实地调研要求观察和组织激发增强建筑现状环境要素的老年人行为主题与故事，记录与推断调研环境中老年人的过去、现在、未来的特殊事件。在图解分析的不断演绎中，老年人和特殊儿童的片段式信息得以清晰和条理化呈现，不同层级、不同属性的空间关系及空间边界不同的可能性被释放和优化，潜藏的设计思想和线索被厘清与修正，老年人或特殊儿童行为观察记录具体内容转译到抽象层面，其可能性被进一步深化讨论，从而生成行为驱动下的设计概念和新型空间关系。

4. 行为分析与空间转译

以 2017 年首届联合毕业设计课题为例，设计课题关键和首要任务在把握地处南京市江宁区复杂用地上，同时具有复合、共享功能的综合福祉项目。这里以前是自然生态条件较好的城郊小丘陵，现在和未来则是一个被高密度的城市网络包围的袖珍空地。课题从大的城市尺度至细部比例，从单一的养老建筑到复杂与共享的多功能共享模式，要求对场地规划、空间结构和材料选择等全面考虑，从使用人群的特殊性及多元化，凝练出行为驱动下的用户使用需求，建立空间结构关联与层级，促成设计概念和空间特色。设计前期根据行为观察、需求特点、空间组织到建筑环境路径，形成一个循环的设计训练系统（图5）。同时根据对空间行为的调研分析，对任务书中缺少或者不合理的地方进行修改（图6）。

5. 基于行为分析的教学模式

联合毕业设计教学实践过程中，并不能完全折射与检验空间行为分析方法应用的完整性和连贯性，但良好的开端积累了实施的经验。教学中，基于空间行为分析的工作方法，主要从以下几个方面介入和展开：

（1）讲故事

作为故事的主角，行为主体可以聚焦于个人，也可以是群体。调研时寻找角色的视角各不相同，聚焦行为方则各有侧重，犹如一部电影有多条线、多个人行为抉择和命运交织成立体的场景和主题式的网状人生。每个老年人和儿童都是自己世界的主角，也可能成为学生调研时被关注的主要对象（图7）。为了尽快挖掘设计主题和定位，了解和呈现各类老年人环境行为与日常生活的点滴需求，设计教学安排 2 人为一组，在一周内完成对相关小说、电影与有故事的场地的调研。不仅观察行为结果，还重点记录围绕老年人和儿童发生的系列事件、驱动行为因素和行为对环境的导向。在近两届的联合毕业设计中，有小组同学选择特定类型行为主体——"爱健康美食老年人"的日常生活故事和事件，来支撑设计概念及其养老模式的改变。

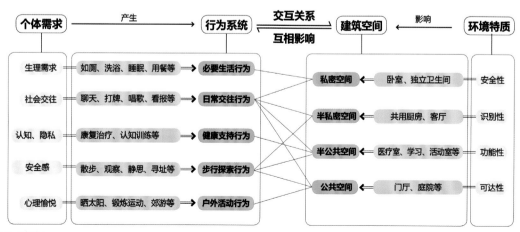

图 4　空间行为记录（自绘）

自闭症儿童年龄段	自闭症儿童需求	自闭症儿童对应空间

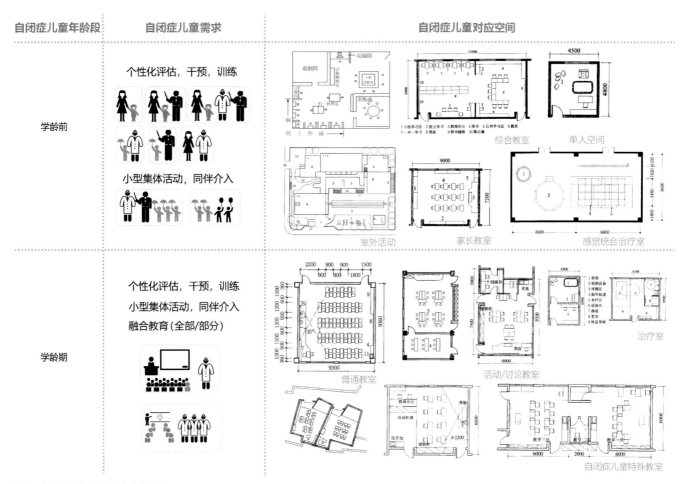

图5 自闭症儿童干预行为与空间尺度

案例拼贴

日本筑波大学附属久里浜特别支援学校（自闭症儿童学校）

小学部课程编制

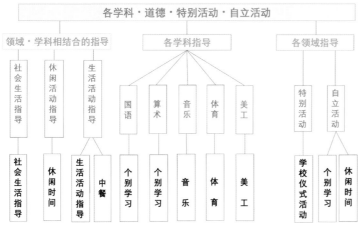

- 自闭症儿童教育的研究功能→有计划、有步骤地对自闭症儿童教育、教学、指导、训练等方法进行研究，将成果在全国推广。
- 自闭症儿童教育师资的培训功能→全日本自闭症儿童教育师资的培训基地。
- PECS（图片沟通系统）的广泛应用。
- 重视儿童自立能力的培养。

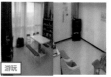

任务书修正/定位

- 专业自闭症儿童学校（幼儿/小学）缩小班级规模
- 融合学校（初中/高中）部分/全部融合
- 地区自闭症儿童资源中心（教师培训/教育示范/诊断康复）
- 公益性自闭症儿童活动中心（义工）

图6 根据空间行为对任务书的细化

旧城新"院"——集体记忆下的健康社区养老模式与空间解析

Renovation of the enterprise DANWEI courtyard　Healthy community pension model and spatial analysis from the collective memory

场地故事

1. 不跳舞的奶奶

在街口我遇见一位白发的奶奶，问起她的作息，知道她每天晚上十点睡觉、早上五点起床，于是问起她跳不跳广场舞，她说自己跳不来那东西，平常无聊只是看看电视。说起身后在进行的保健品宣讲会，她说"都是骗我们老年人的东西"。等我后来再路过时，看见她坐在宣讲会的门口，显得很茫然。

2. 特能讲的阿姨

在广场上我们采访了一位阿姨，她说自己儿子是学校的教师，因此自己就经常来到这边，还参加了歌唱班。说起自己的事情，一边说自己记性不太好了，一边滔滔不绝地回答着我们的问题。当我一个多小时后回到那个地方时，发现她仍在那里和我的同学聊着，显得十分高兴。

3. 白墙上的讣告

在参观老年人活动中心时，我们在入口处的墙上看到了歌咏班的报名信息、生活补贴告示和一篇讣告。一位90岁的外国语学院的副教授过世了。在活动中心一片喧嚣嘈杂的声音中，生与死的距离显得如此靠近，今天坐在棋牌室和他人对弈的某个身影，或许几个月后就再也不会出现了。

场地氛围

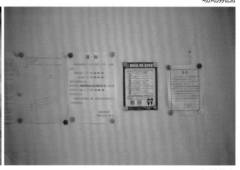

场地故事

图7　场地中的故事

（2）讲氛围

氛围来自对老年人及特殊儿童生活空间场景的分析和观察，并在设计中予以再现。基于记录和讲解行为场景的工具和方法，从场所感的场所依赖、场所认同和场所依恋三个维度，提出满足老年人和儿童心理和精神需求及其空间体验场景系统，通过建筑空间尺度、材料、光影等，重构空间氛围中的熟悉、归属、安全、愉悦感。人们通常对熟悉的事物与场景"熟视无睹"，但是当一件熟悉的物以新的形式重新出现，一定会吸引人注意，继而引发相应的为，这一点在老年人身上尤为明显。此次毕业设计中，陈恩强、刘洪君同学小组的设计作品，正是从武汉青山区老城区的工业历史的文化连续性出发，展开了针对不同年龄层老年人的"三代"青山人行为模式的深度访谈，重点归纳了武汉青山区传统大院的空间场景行为类别，选择重构青山区"红房子"院落，重组大院空间层级，再现当地老年人早期集体生活熟悉院落的空间场景，移植老年人不同"集体记忆"下的空间情感联系，创新养老建筑空间新层级，并结合工业遗产建筑及住宅建筑材料、色彩，突显老年人多样化行为事件的空间氛围。

（3）讲细节

空间氛围需要通过细节来塑造。设计过程中，从把握空间行为细节到控制建筑空间环境品质，通过文字记

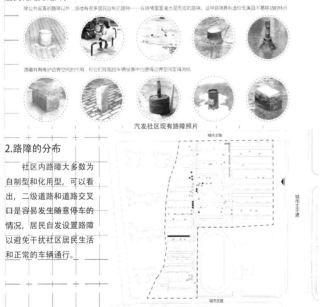

1.路障的类型

社区内存在大量的路障，按照制作材料和方式可分为三类：商品型，直接购置的路障产品；自制型，由居民自行制作的路障；化用型，物件有其自身的使用功能，被居民化用为路障。

除公共设施的路障外，场地也有很多居民的自制路障——在铁桶里面是水泥而成的路障，这种路障具有造价低、重且不易移动的特点。

路障具有维护边界空间的作用，但它们对阻挡车辆破坏周边的使得边界空间变得消极。

汽发社区现有路障照片

2.路障的分布

社区内路障大多数为自制型和化用型，可以看出，二级道路和道路交叉口是容易发生随意停车的情况，居民自发设置路障以避免干扰社区居民生活和正常的车辆通行。

图8　社区中老年人无障碍调研—路障设施

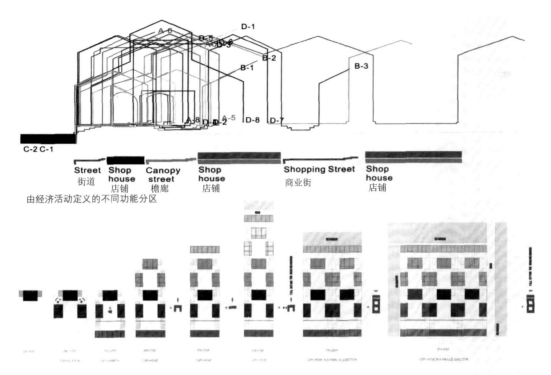

由经济活动定义的不同功能分区

随住户需求而发展变化的住宅空间

图9 摘自王鹿鸣《关联设计》

录或录像短片、草图、光影、室内家具等研究模型和行为空间装置制作，从个人学习经验中提取细节想法，并进行物质化和空间化。模型或装置可以是1:1比例，被置入另一个具体场地，体验不同人群地点及文化特定性与设计细节场景之间的互动，进一步优化设计。这个步骤往往因为时间成本，最不易实施。如福祉类建筑中的无障碍设计，重点关注从场地到建筑室内的无缝对接，作业中有专题调研却缺了设计细节（图9）。

（4）讲手段

保障研究设计效果，需依靠有效的设计手段及其分析操作方法。如果要发现雅各布"街道芭蕾"，那一定要学习掌握简便的记录方法，约翰·祖塞（John.Ziesel）的《研究与设计》（*Inquiry by Design*）就是一本调研手段的传统经典的参考用书。随着社会不断发展和老年化的加速，当下功能变化复杂而多样，运用参数化思想和方法，基于老年人行为模拟或空间变量参数的可控性，可优化福祉类建筑的功能空间组织。设计工具有基于空间影响行为假设上的空间句法软件，也有源自荷兰的关联设计方法，将使用逻辑、空间组织逻辑、交通逻辑及建造逻辑和能源逻辑关系整合的结果生成创新的空间几何关系和建筑形式，[3] 在每次教学中选择性学习和运用。

6. 结论

联合专题毕业设计，对于学生和教师乃双赢之效。从基于空间行为分析的设计研究层面，笔者认为，传统福祉类建筑设计作品往往局限于一定时空环境条件下投射使用者的行为信息，如老年人运动路径跟踪记录与使用，却可能忽略了老年人行为变迁对建筑空间条件属性、关系等的改变，使设计缺乏合理灵活和适度的弹性。引入研究型设计工作方法，通过对老年人及特殊儿童的行为观察和专题分析、广泛的师生交流及逐步的成果积累，学生对空间行为以形式创造性地转化，支持使用者时空行为驱动机制的科学研究，真正教研融合，为建构适应老年人生活模式和空间创新提供潜力。

参考文献

[1] John Zeisel. Sociology and Architectural Design[M]. New York：Russell Sage Foundation，1975.

[2] 周颖、沈秀梅、孙耀南. 复合·混合·共享——基于福祉设施的社区营造 [M]. 新建筑，2018：41-45.

[3] 王鹿鸣. 关联设计 [M]. 建筑技艺，2011（01-02）：50-53.

[4] 张倩. 社区织补，代际互助 [M]. 新建筑，2017：14-18.

注：图4~图8引自华中科技大学建筑与城市规划学院部分学生作业。

旧城新"院"——集体记忆下的健康社区养老模式与空间解析

Renovation of the enterprise DANWEI courtyard　Healthy community pension model and spatial analysis from the collective memory

▍三代武钢人与青山人

1956～2019 年，63 年的青山大发展三代人融合。

信息来源：

接近 20 位武钢退休老人和青山老人的访谈记录，以及网上青山相关的话题。

特殊功能提炼：

1. 集体记忆产生的特殊空间
①怀旧疗法可成为空间要素——展廊与回廊、音乐、材料等的提炼工具。
②公共食堂、向社区开放的活动中心等。
2. 特殊记忆的空间——交谊舞、工人剧院、单位同事团聚空间、菜地温室，院落团聚空间等。
3. 特殊需求空间——经济压力影响下的老人售卖空间、儿童空间等。

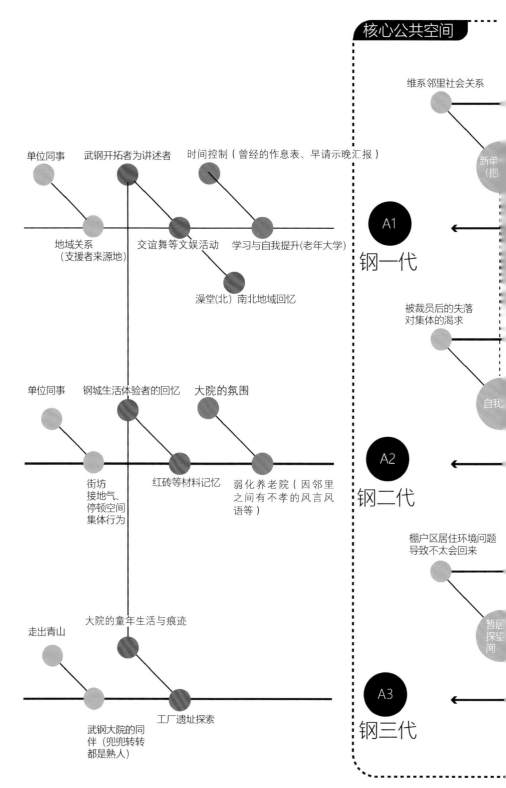

核心公共空间

维系邻里社会关系

新单（抱

A1
钢一代

单位同事　武钢开拓者为讲述者　时间控制（曾经的作息表、早请示晚汇报）

地域关系（支援者来源地）　交谊舞等文娱活动　学习与自我提升(老年大学)

澡堂(北) 南北地域回忆

被裁员后的失落对集体的渴求

自我

单位同事　钢城生活体验者的回忆　大院的氛围

街坊接地气、停顿空间集体行为　红砖等材料记忆　弱化养老院（因邻里之间有不孝的风言风语等）

A2
钢二代

棚户区居住环境问题导致不太会回来

暂居探望间

走出青山　大院的童年生活与痕迹

武钢大院的同伴（兜兜转转都是熟人）　工厂遗址探索

A3
钢三代

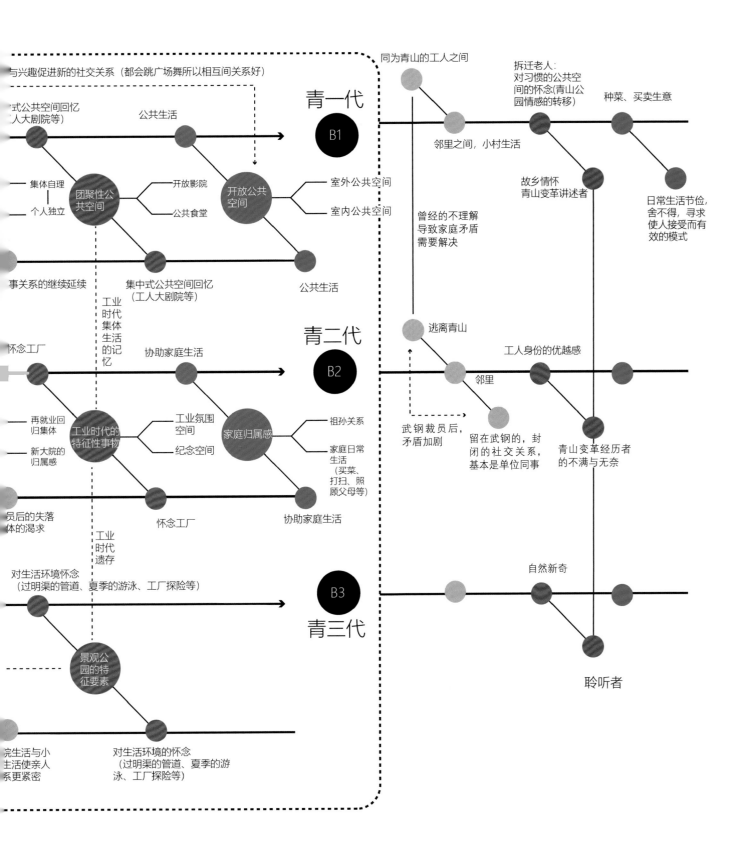

与兴趣促进新的社交关系（都会跳广场舞所以相互间关系好）

式公共空间回忆
人大剧院等）

公共生活

青一代

B1

同为青山的工人之间

拆迁老人：
对习惯的公共空
间的怀念(青山公
园情感的转移)

种菜、买卖生意

邻里之间，小村生活

集体自理

个人独立

团聚性公
共空间

开放影院

公共食堂

开放公共
空间

室外公共空间

室内公共空间

故乡情怀
青山变革讲述者

曾经的不理解
导致家庭矛盾
需要解决

日常生活节俭，
舍不得，寻求
使人接受而有
效的模式

事关系的继续延续

集中式公共空间回忆
（工人大剧院等）

公共生活

工业
时代
集体
生活
的记
忆

怀念工厂

协助家庭生活

青二代

B2

逃离青山

工人身份的优越感

再就业回
归集体

新大院的
归属感

工业时代的
特征性事物

工业氛围
空间

纪念空间

家庭归属感

祖孙关系

家庭日常
生活
（买菜、
打扫、照
顾父母等）

邻里

武钢裁员后，
矛盾加剧

留在武钢的，封
闭的社交关系，
基本是单位同事

青山变革经历者
的不满与无奈

员后的失落
体的渴求

工业
时代
遗存

怀念工厂

协助家庭生活

对生活环境怀念
（过明渠的管道、夏季的游泳、工厂探险等）

B3

自然新奇

青三代

完生活与小
主生活使亲人
系更紧密

景观公
园的特
征要素

对生活环境的怀念
（过明渠的管道、夏季的游
泳、工厂探险等）

聆听者

▲华中科技大学：陈恩强、刘洪君

旧城新"院"——集体记忆下的健康社区养老模式与空间解析

Renovation of the enterprise DANWEI courtyard   Healthy community pension model and spatial analysis from the collective memory

从文脉到设计

　　我们试图探寻具有文脉特征的原青山区红钢城八九街坊的集体大院空间结构并转换到现有设计的福祉设施中，使本设计更具有在地性，同时使生活在里面的老人有熟悉感和归属感。

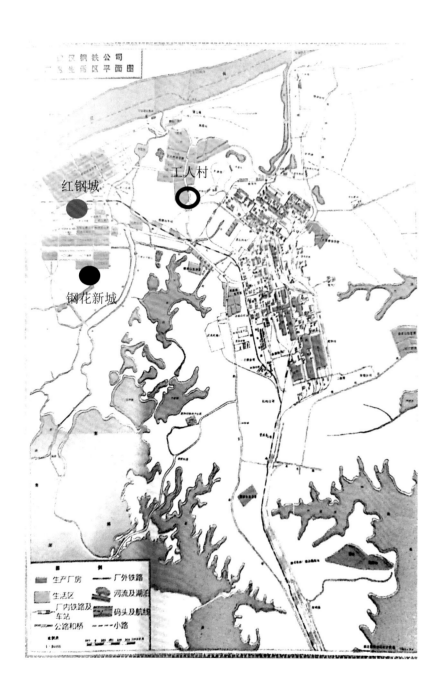

在地性

怀旧感

归属感

▲华中科技大学：陈恩强、刘洪君

周边社会关系脉络

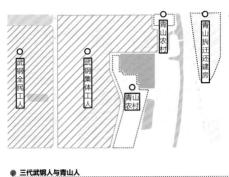

● **基地周边老人身份构成**

武钢全民工人
属国有企业的正式工人，大部分武钢老职工属于全国援建武钢时从全国各地过来的。

武钢集体工人
属于武钢下属集体企业的工人，大部分是青山拆迁后分配的工人名额。

青山农村
未拆迁的青山原始居民。

青山拆迁还建
位于现青山拆迁还建区，老人免费入住。

● **武钢群体人员构成**

一边是以鞍钢职工为代表的东北族群。他们不仅带来了他们特有的语言、体态、还有侠义和直爽的气质。另一边则是以"两湖"为主的南方族群。

● **武钢三代人大变迁**

第一代青山人 ○ 适应积极
第二代青山人 ○ 依托发展
第三代青山人 ○ 离开

青山人 ──── 武钢人

第一代武钢人	20 世纪 60 年代援建。现今 60~80 岁的老人（条件艰苦，外来、定居、打拼），是拼搏的一代、受人尊敬的一代。对武钢的情感最强烈：信任、自豪、辉煌岁月的象征。
第二代武钢人	20 世纪 60、70 年代出生，现今 50~60 岁老人，出生在红钢城，经历了最为辉煌的时刻——工人作为权力阶级，集体主义巅峰时刻，以双职工家庭为荣（家有武钢，心里不慌）。从小到大一直生活在武钢的系统下，但也是 2016 年下岗员工的主要人员，有极大的失落感。
第三代武钢人	20 世纪 80、90 年代后，想要逃离武钢，追求新的生活，认为武钢的集体主义、完善系统是封闭的，没有活力的一代人。

● **三代武钢人与青山人**

旧集体空间结构的转换

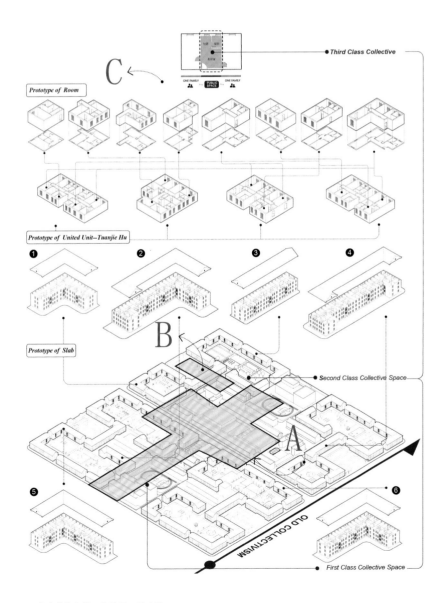

一级集体空间　　功能空间组团

功能核心的地位更重，集中性的集体性功能放置于中部的巨大空间，包括居住、商业、教育和辅助等区域。

↓ 对于养老院的空间转化

功能空间核心
食堂、医疗、后勤、管理等必要功能集中放置，定位为更具象征性、仪式性的集体活动空间

二级集体空间　　生活空间组团

相对而言，二级围合空间更加具有生活气息，我们能够看到出于居民意愿的社区邻里改造大部分发生在二级核心空间。同时也是观察人们邻里活动的主要地点。

↓ 对于养老院的空间转化

生活空间核心
老人大部分的娱乐活动集中地——麻将，聚众聊天，社区服务，教室学习等活动的主要发生地段
定位为更加生活性、自由性的集体活动空间

三级集体空间　　居住空间组团

这一级别的空间存在"户与户"共享关系，是相对较为私密性的组团，是居住单元与居住单元之间的关系。

↓ 对于养老院的空间转化

居住空间核心
居住单元之间和组团内部的核心空间
定位为更加私密性和小集体的集体空间

▲华中科技大学：陈恩强、刘洪君

▌空间组织策略和功能基本分布

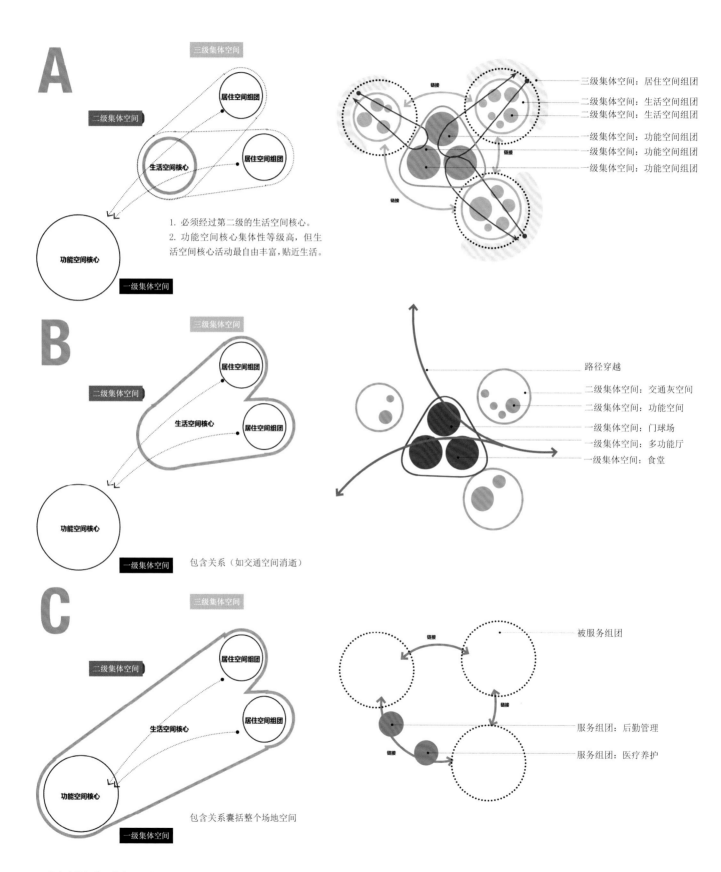

1. 必须经过第二级的生活空间核心。
2. 功能空间核心集体性等级高，但生活空间核心活动最自由丰富，贴近生活。

三级集体空间：居住空间组团
二级集体空间：生活空间组团
二级集体空间：生活空间组团
一级集体空间：功能空间组团
一级集体空间：功能空间组团
一级集体空间：功能空间组团

包含关系（如交通空间消逝）

路径穿越
二级集体空间：交通灰空间
二级集体空间：功能空间
一级集体空间：门球场
一级集体空间：多功能厅
一级集体空间：食堂

包含关系囊括整个场地空间

被服务组团
服务组团：后勤管理
服务组团：医疗养护

▲华中科技大学：陈恩强、刘洪君

集体记忆流线

二级生活圈为了更加适老，以一种集体记忆的流线作为设计的思路，老人们的生活通过自分布在场地中的活动点，形成二级核心空间和一级核心公共空间的隐形链接。

我们寻找能够唤起青山人和武钢人记忆中的回忆点，一些熟悉的元素和老人们日常活动之间的结合或许是唤醒场地中老年人活动的助力。

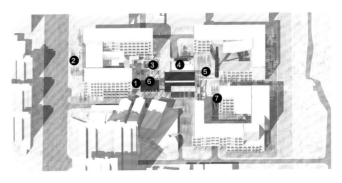

场景一　社区食堂 　　　　　　　　　　　记忆元素：工厂厂房

场景二　城市市集 　　　　　　　　　　　　记忆元素：红砖

场景三　露天电影场和主席台 　　　　　　记忆元素：形式复刻

场景四　竹床阵休憩点 　　　　　　　　　记忆元素：竹床阵

场景五　烟囱观景台 　　　　　　　　　　　记忆元素：烟囱

场景六　失智咖啡馆 　　　　　　　　　　　记忆元素：管道

场景七　菜地花田 　　　　　　　　　　　　记忆元素：田地

场景八　广场舞场地 　　　　　　　　　　　记忆元素：工厂构架

▲华中科技大学：陈恩强、刘洪君

旧城新"院"——集体记忆下的健康社区养老模式与空间解析

Renovation of the enterprise DANWEI courtyard　Healthy community pension model and spatial analysis from the collective memory

图 1　功能设施定位

图 2　新集体活动

一方面，根据介助介护、失智老人、自理老人的特点和需求进行布局和空间组织（图1）；另一方面，紧扣基地"属性"（单位大院）和入住老人的集体生活经历，创造性地提取当年单位大院集体生活的三种公共建筑原型——食堂、澡堂和礼堂（会堂），来组织颐老院的公共活动和空间（图2）。设计者在基地现状和社会调研中归纳发现了他们的生活诉求，以其所熟悉的集体形制中典型的建筑形式和空间语言置入场地，将颐老院的一般功能性的公共空间赋予集体生活的记忆，除在生理上介护、帮扶老人外，还承继了老人的精神生活方式，创造了新的颐养方式。

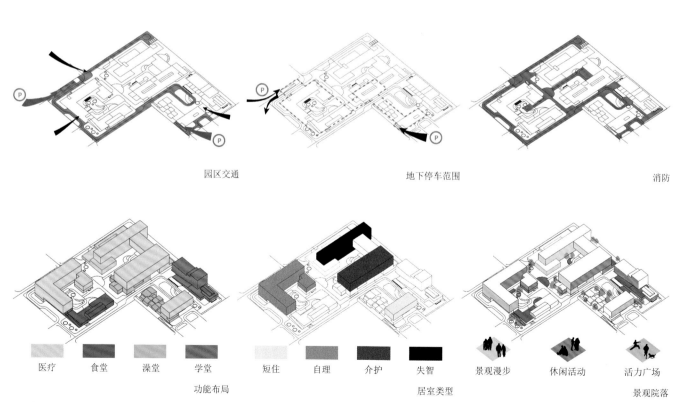

▲华中科技大学：吕洁蕊

新集体生活：食堂

同时为老年公寓内的住户和周边社区老人提供堂食、送餐服务。

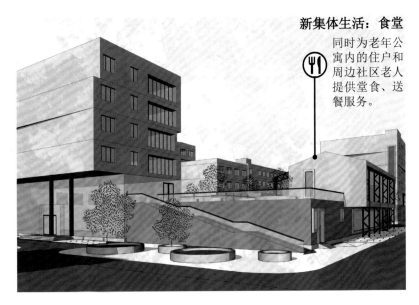

新集体需求：澡堂

分为社区澡堂和养老院专用护理浴室两栋建筑，关注非自理老人的洗浴需求。

新集体活动：礼堂

大空间平时作为健康知识讲堂吸引老人，也可作为文艺会演等大型文娱活动的场地。

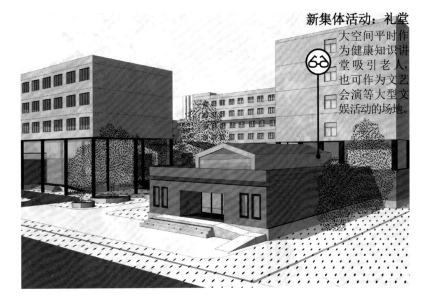

▲华中科技大学：吕洁蕊

旧城新"院"——集体记忆下的健康社区养老模式与空间解析
Renovation of the enterprise DANWEI courtyard   Healthy community pension model and spatial analysis from the collective memory

建设时期	典型代表	概况	空间肌理	建筑形态	绿化空间
新中国成立后到改革开放前	红钢城住宅区	1954年武钢定址青山区后首批配套职工住宅		坡屋顶、红立面	
改革开放后到20世纪90年代中	钢花新村住宅区	钢花新村是20世纪80年代全市规模最大的职工住宅区，由四个街坊组成		平屋顶、水刷石	
20世纪90年代末至今	钢都花园住宅区	钢都花园是住房商品化后职工住区的代表，建于2002年		平屋顶、砖混结构	

新中国成立至今场地概况

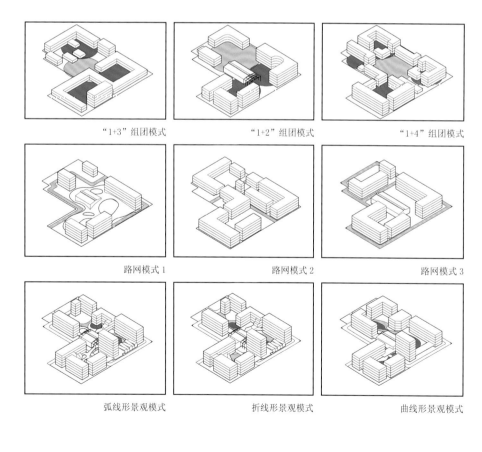

"1+3"组团模式   "1+2"组团模式   "1+4"组团模式

路网模式1   路网模式2   路网模式3

弧线形景观模式   折线形景观模式   曲线形景观模式

▲北京工业大学：盛 励、丁 晔、戴 翎

在设计之初，我们预先对场地进行调查，并询问了目标人群、投资方、当地居民，以寻求一个合理的解决方案。考虑到三者之间的平衡，我们最终确立了社区复合型养老的模式，同时为周边各年龄段其他居民提供便民服务，促进当地居民间的代际交流。除此以外，我们对基地内外部空间进行了更进一步的设计，希望入住老人能在居住之余，更多地在室外活动，在场地外部布置多个广场节点。为了减轻老人对新建筑的生疏感，我们尝试着保留老人过往的回忆，在新建筑中留存红钢城的记忆碎片，使得设计更加生动且亲密。借此，希望能打破养老院一度被认为没有生气、活力的尴尬场面，以一种更加谦逊的态度嵌入场地中，将其视为社区的一部分，共同融入青山区的大环境。

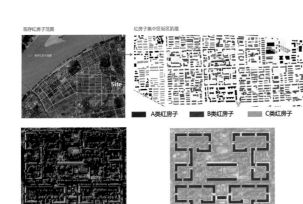

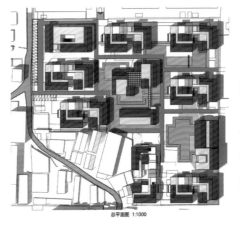

总平面图 1:1000

红房子造就了青山区鲜明的城市特色与魅力，它不仅是工业遗产的一部分，也凝结着人们的生活情感记忆。

以青山区红房子肌理为起源，采用改建+新建的方式

▲北京建筑大学：侯珈明

旧城新"院"——集体记忆下的健康社区养老模式与空间解析

Renovation of the enterprise DANWEI courtyard　Healthy community pension model and spatial analysis from the collective memory

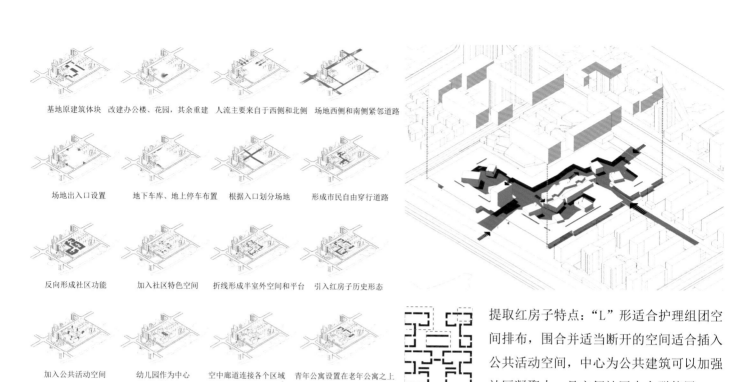

基地原建筑体块　改建办公楼、花园，其余重建　人流主要来自于西侧和北侧　场地西侧和南侧紧邻道路

场地出入口设置　地下车库、地上停车布置　根据入口划分场地　形成市民自由穿行道路

反向形成社区功能　加入社区特色空间　折线形成半室外空间和平台　引入红房子历史形态

加入公共活动空间　幼儿园作为中心　空中廊道连接各个区域　青年公寓设置在老年公寓之上

提取红房子特点："L"形适合护理组团空间排布，围合并适当断开的空间适合插入公共活动空间，中心为公共建筑可以加强社区凝聚力，且方便社区内人群使用。

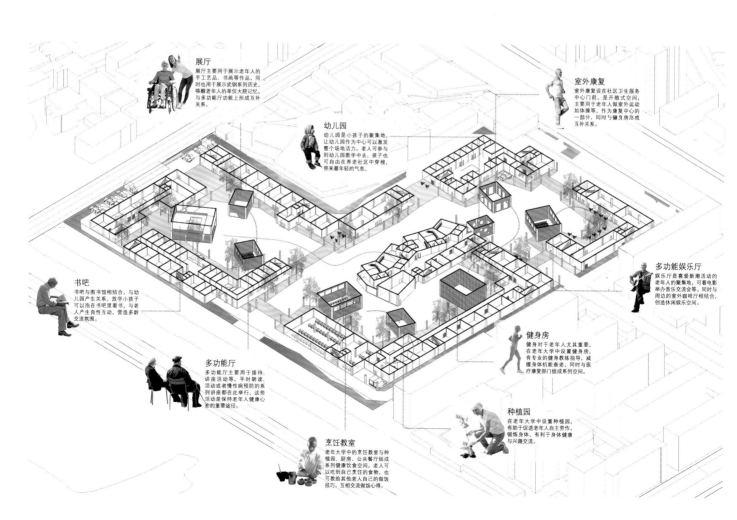

展厅
展厅主要用于展示老年人的手工艺品、书画等作品，同时也用于展示武钢系列历史，唤醒老年人的单位大院记忆。与多功能厅功能上形成互补关系。

室外康复
室外康复设在社区卫生服务中心门前，是开敞式空间，主要用于老年人做室外运动如体操等，作为康复中心的一部分，同时与健身房形成互补关系。

幼儿园
幼儿园是小孩子的聚集地，让幼儿园作为中心可以激发整个场地活力。老人可参与到幼儿园教学中去，孩子也可自由在养老社区中穿梭，带来最年轻的气息。

多功能娱乐厅
娱乐厅是喜爱新潮活动的老年人的聚集地，可看电影举办音乐交流会等。同时与周边的室外咖啡厅相结合，创造休闲娱乐空间。

书吧
书吧与图书馆相结合，与幼儿园产生关系。放学小孩子可以在书吧里看书，与老人产生良性互动，营造多龄交流氛围。

健身房
健身对于老年人尤其重要，在老年大学中设健身房，有专业的健身教练指导，或缓冲身体机能衰老，同时与医疗康复部门组成系列空间。

多功能厅
多功能厅主要用于接待、讲座活动。平时朗读、活动或者慢性病预防的系列讲座都在此举行，这些活动是保持老年人健康心态的重要途径。

种植园
在老年大学中设置种植园，有助于促进老年人自主劳作，锻炼身体，有利于身体健康与兴趣交流。

烹饪教室
老年大学中的烹饪教室与种植园、厨房、公共餐厅组成系列健康饮食空间。老人可以吃到自己烹饪的食物，也可教给其他老人自己的做饭技巧，互相交流做饭心得。

▲北京建筑大学：李　彤

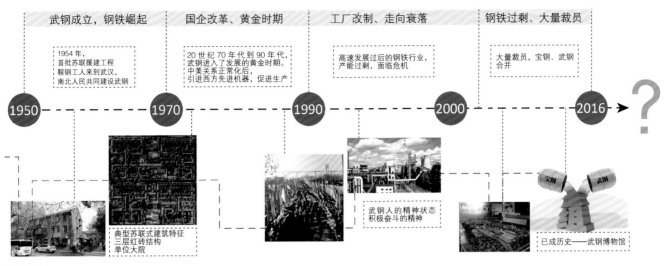

历史沿革

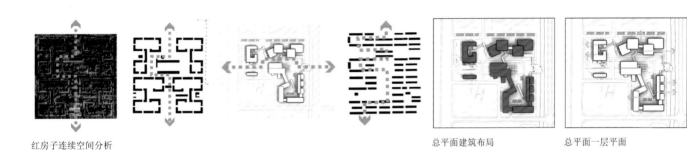

红房子连续空间分析

总平面建筑布局

总平面一层平面

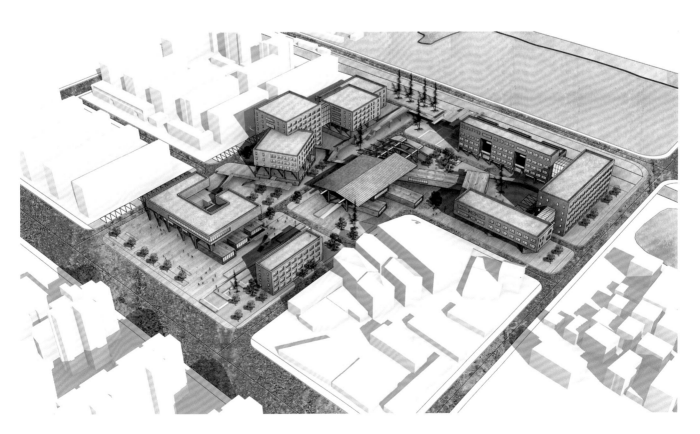

▲东北大学：宋晓宇、陈 超

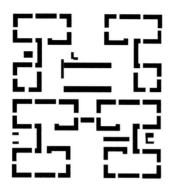
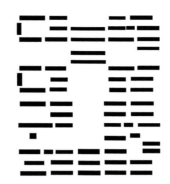

外部围合形体生成

　　以红房子的传统布局模式为原型，在保留建筑的基础上进行改造、加建。依次讨论除中轴线外的三个片区的庭院围合形式：四面围合式、三面围合式、折叠式等（图2），并尝试了不同片区间建筑的组合方式，最终生成确定的形态。（图1）

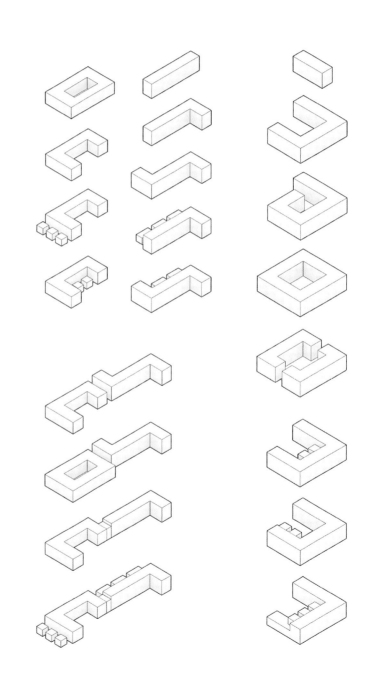

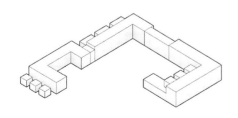

图1　最终建筑形态

图2　围合形体生成过程

▲西南交通大学：陈梅一、王威力

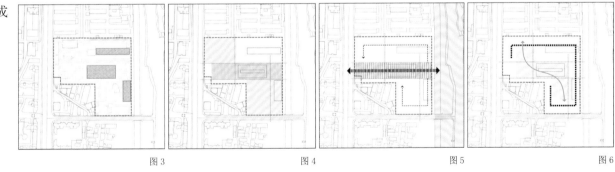

平面生成

图3　　　　　　　　　图4　　　　　　　　　图5　　　　　　　　　图6

　　保留三栋典型建筑：具有时代记忆的中部厂房、使用价值较高的2号康养楼、历史既存的5号办公楼（图3），根据保留的三栋建筑将场地划分为四个片区（图4），中部设置景观带连接场地东西两侧，形成贯穿视野（图5），外围以20世纪红房子布局模型围合庭院，上中下三个片区内设置小庭院并在场地内部形成景观的连续。（图6）

▲西南交通大学：陈梅一、王威力

旧城新"院"——集体记忆下的健康社区养老模式与空间解析

Renovation of the enterprise DANWEI courtyard　　Healthy community pension model and spatial analysis from the collective memory

▌单体生成

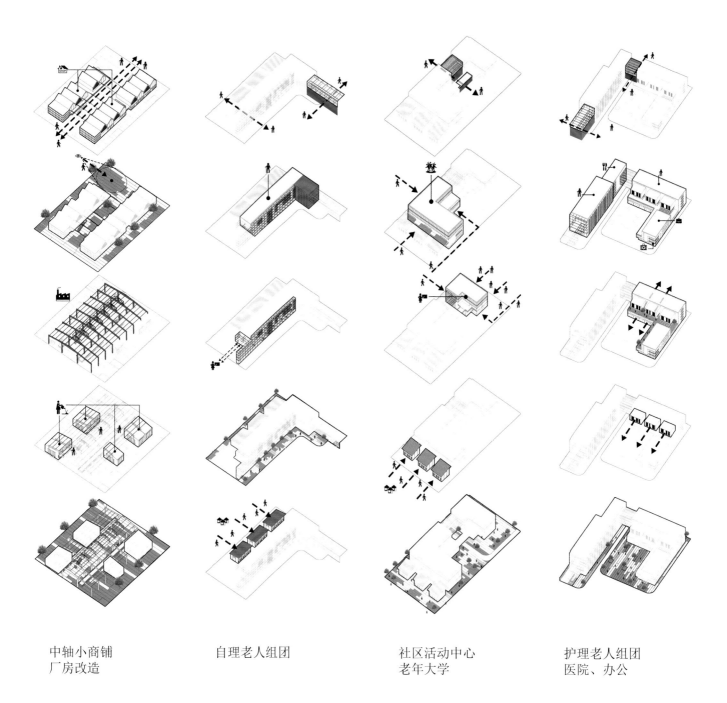

中轴小商铺　　　　自理老人组团　　　　社区活动中心　　　　护理老人组团
厂房改造　　　　　　　　　　　　　　　老年大学　　　　　　医院、办公

▲西南交通大学：陈梅一、王威力

轴测图

方案整体策略分析

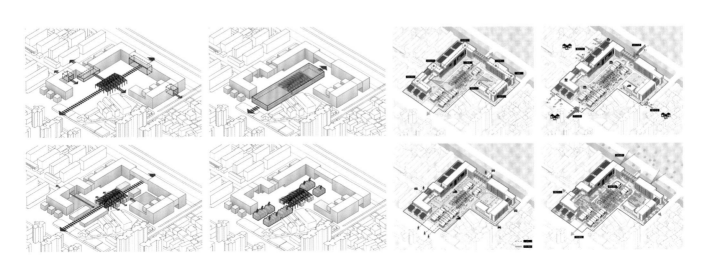

▲西南交通大学：陈梅一、王威力

旧城新 "院" ——集体记忆下的健康社区养老模式与空间解析

Renovation of the enterprise DANWEI courtyard　Healthy community pension model and spatial analysis from the collective memory

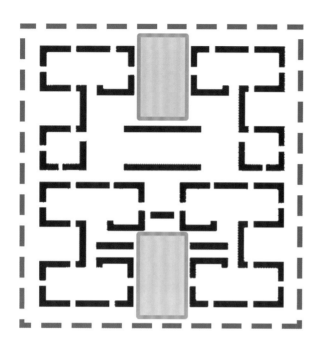

红房子作为集体经济与大院生活的遗存也代表了一种生活方式。周边式的住宅布局形成大大小小的"方盒子"院落，形成半封闭空间。院内房屋排列整齐，讲究围合和对称。街坊的中心处为公共建筑，周边有配套的幼儿园、学校、商业街、电影院等，形成强烈的秩序感和形式感。

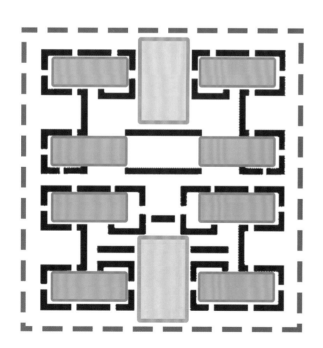

红房子每个街坊的面积大约是 5200 平方米，在围合出矩形空间后用两个较大的围合空间统领对称分布的八个小空间，营造出不同等级的私密空间，使居住者感受到自己的领域感。不同尺度的公共空间也为不同的活动提供了合适的场所。

▲大连理工大学：段　辉、王振羽

通过对厂房改造的延续，确定了场地中央景观轴线的位置，以景观轴为核心的开放空间，来统领两侧的院落空间。

结合基地周围的人流量和景观方向，确定场地功能分区和体块。不同的功能分区拥有独立的院落空间，又都与场地中央的开放空间紧密结合。

在体块的基础上切割出公共活动空间和檐下灰空间，区分出场地内不同的私密等级。室内公共空间大多位于二层，让出更大的一层活动空间。

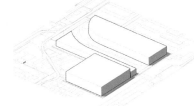

绿化空间

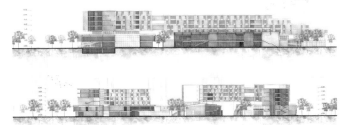

剖面空间示意图

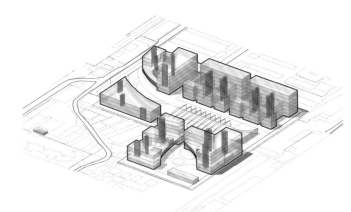

垂直交通

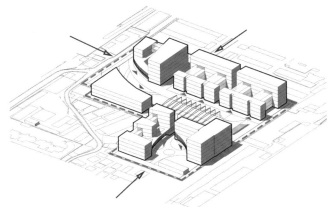

场地入口及各建筑入口

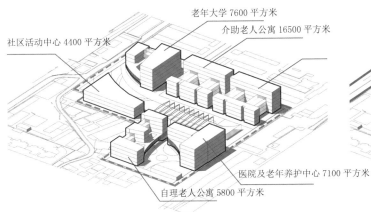

社区活动中心 4400 平方米

老年大学 7600 平方米

介助老人公寓 16500 平方米

医院及老年养护中心 7100 平方米

自理老人公寓 5800 平方米

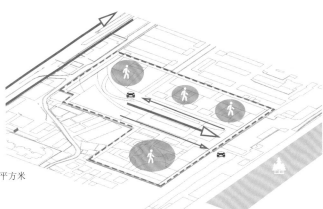

流线景观分析图

▲大连理工大学：段　辉、王振羽

99

旧城新"院"——集体记忆下的健康社区养老模式与空间解析

Renovation of the enterprise DANWEI courtyard   Healthy community pension model and spatial analysis from the collective memory

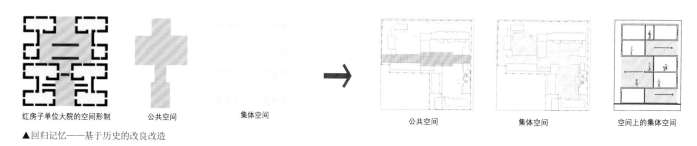

红房子单位大院的空间形制   公共空间   集体空间   公共空间   集体空间   空间上的集体空间

▲回归记忆——基于历史的改良改造

▼回归城市——富有活力的步行街道

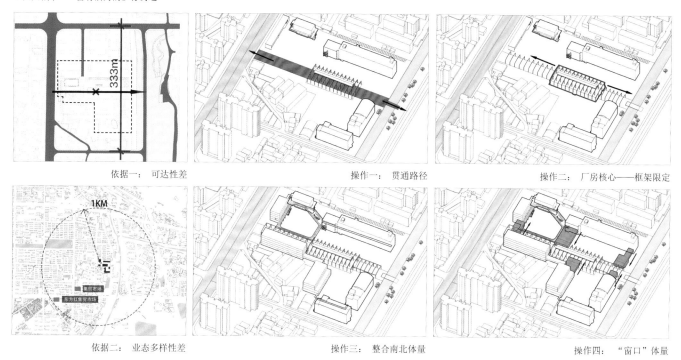

依据一：可达性差   操作一：贯通路径   操作二：厂房核心——框架限定

依据二：业态多样性差   操作三：整合南北体量   操作四："窗口"体量

▲河北工业大学：卜笑天、高鹏程

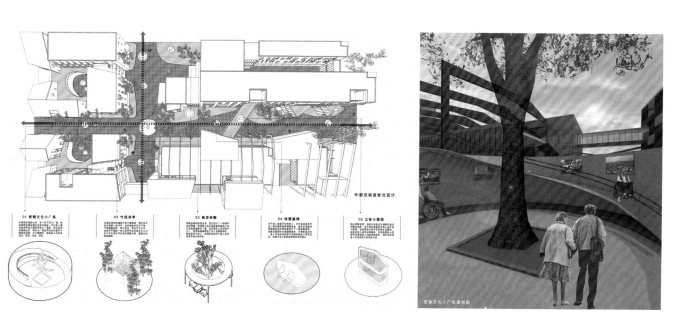

01 武钢文化小广场   02 竹语凉亭   03 果道雨廊   04 休憩庭院   05 立体小菜园

外部空间适老化设计

▲沈阳建筑大学：迟　铭、薛佳桐

芸 芸芸众生，多而普遍
——辐射全年龄段的**混龄**社区

集 市集，汇集
——多种形式的**公共聚集**空间

草木 草木，种植
——亲近自然的**生态**社区

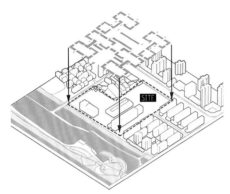

引入"囍"字形半包围合院布局

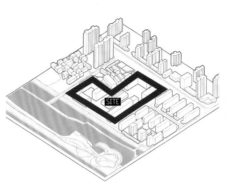

形成围合的建筑初步格局

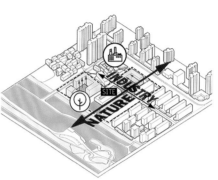

引入东西景观南北工业的景观格局

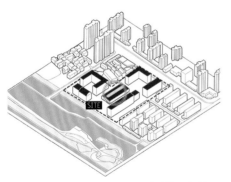

以厂房为核心总图布局

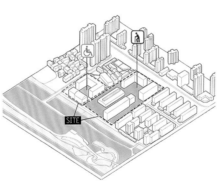

斜切错动放大节点优化建筑形态

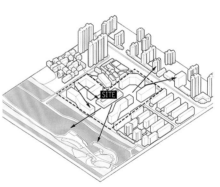

退台屋面调整建筑高度

自然景观与厂房构架融合

设置工业装置复兴城市记忆

▲重庆大学：王　逍、宋雅楠、刘大豪

▊ 形态生成

A 自理老人公寓   **B** 半失能老人介助公寓   **C** 失能失智老人介护公寓

① 抽象形体

抽象红钢城八九街坊"囍"字结构的平面布局中围合成"院",利用内外凹凸的特点,由条形方体扭转生成基本空间体量。

② 柱网生成

为了舒适的地下停车位条形体量沿长边设置8400毫米的柱跨;为了拥有更为自由的立面操作空间,使体量上部的老人居室能有阳台自由活动空间,沿体量短边边缘出挑2米或4米空间备用。

③ 扭转深化

红房子的形态扭转局限于平面,我们希望这种扭转能够同时在三维尺度上扭转。这种扭转同时可以应对场地人流和车流系统,满足基本消防需求做出恰当的掏空、凹陷和缩进。

④ 立面生成

为了符合扭转的形态变化,立面同时跟进形成统一的在建筑围合内外表面扭转的效果,柱网留下的2米操作余地为此提供了可能。

⑤ 统一立面

通过材料的对比、尺度调和等手段,立面能够在视觉上清晰地传达建筑基本形态的扭转操作,由此达到立面和形态的统一。

⑥ 二级植入

在基本的居住公寓体量中插入每一个大区域组团的二级核心。

⑦ 空间变异

根据视角引导、功能植入、活动外溢等因素进行考量,变异二级空间的外部形态,形成和原本规整格网形态的对比,从而凸显二级公共空间的地位。

⑧ 置入斜顶

概念阶段使用的斜顶作为形态元素置入二级空间。斜顶这种异质元素能够柔和地过渡室内外空间、统合垂直空间。

▲华中科技大学：陈恩强、刘洪君

▌场地策略

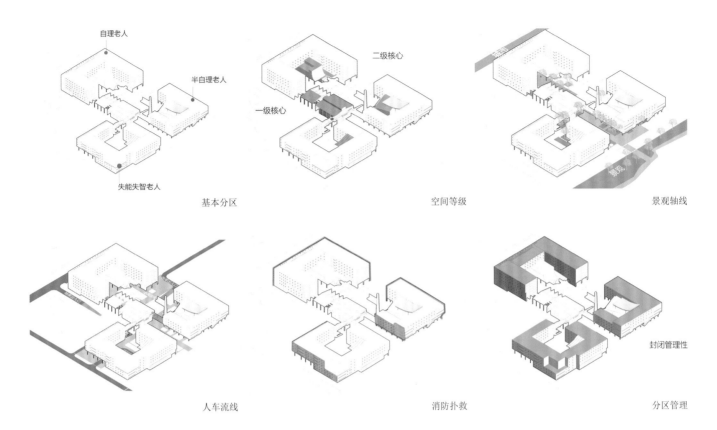

基本分区

空间等级

景观轴线

人车流线

消防扑救

封闭管理性

分区管理

▌立面操作

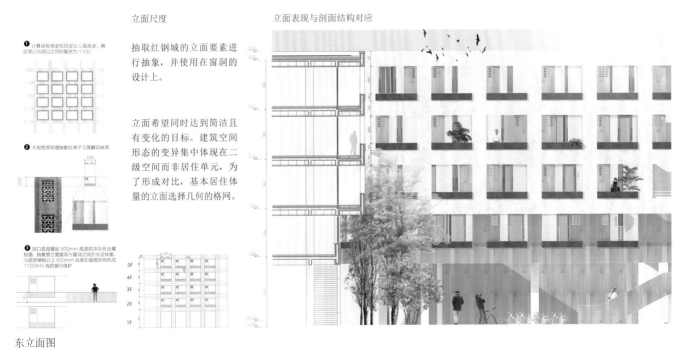

立面尺度

抽取红钢城的立面要素进行抽象，并使用在窗洞的设计上。

立面希望同时达到简洁且有变化的目标。建筑空间形态的变异集中体现在二级空间而非居住单元，为了形成对比，基本居住体量的立面选择几何的格网。

立面表现与剖面结构对应

东立面图

▲华中科技大学：陈恩强、刘洪君

旧城新"院"——集体记忆下的健康社区养老模式与空间解析

Renovation of the enterprise DANWEI courtyard   Healthy community pension model and spatial analysis from the collective memory

社区餐厅

沿用原有厂房的地基和结构，将屋顶拆除，并按照原有厂房的工法制作钢结构屋面，保证两侧视线的通透性。

农贸市场

市场为保证和广场空间结合，仅设置了屋顶，使西侧道路上的行人能够直接看到社区内的状态。

街角喷泉

老年人常在转角观察行人。在三个街角设计与建筑结合的广场，以提供社区活动场所，创造老人与外界接触的机会。

中央街道

中央街道延续北侧社区轴线，两侧用一层社区服务建筑围合街道空间，在终点通过高炉进行视线引导。

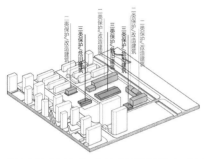

通过将场地内建筑根据保护级别分类，明确场地的空间结构并进一步根据建筑质量估计改造的方向和计划。同时对场地内建筑进行评估并确定改建／重建的设计方法。

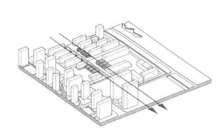

确定场地主轴向，为确保养老组团和社区融合，提取场地北侧楠姆社区的轴线延伸到场地内部。延续原有街道立面，在养老院主干道两侧通过低层体量形成围合。

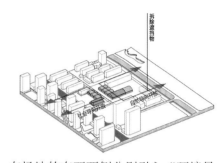

在场地的东西两侧分别引入"环境导向型活动空间"和"商业导向型活动空间"，确保周边景观资源和交通资源利用效率，使得场地成为各种老年活动的自发聚集地。

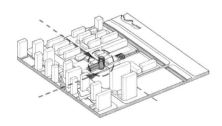

在东西场地的交界处和主轴线的尽端设置核心节点，利用场地原有的工业文化和工业装置，确立场地中的制高点，同时形成南北向行为轴和东西向景观轴两条流线。

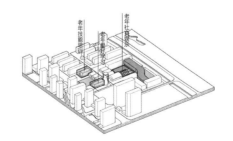

在场地中引入多年龄段的社区养老服务，确定场地东侧的开放养老社区和场地西侧的独立养老社区结构。同时设置老年技能培训中心和老年大学，吸引老年消费者。

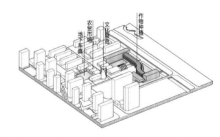

将周边缺乏的公共设施引入，进一步增加开放式养老社区的功能复杂性和年龄层次。形成养老服务＋社会服务＋公共服务＋商品交易的多层次收入模式。

▲大连理工大学：吴同欢、李劼威

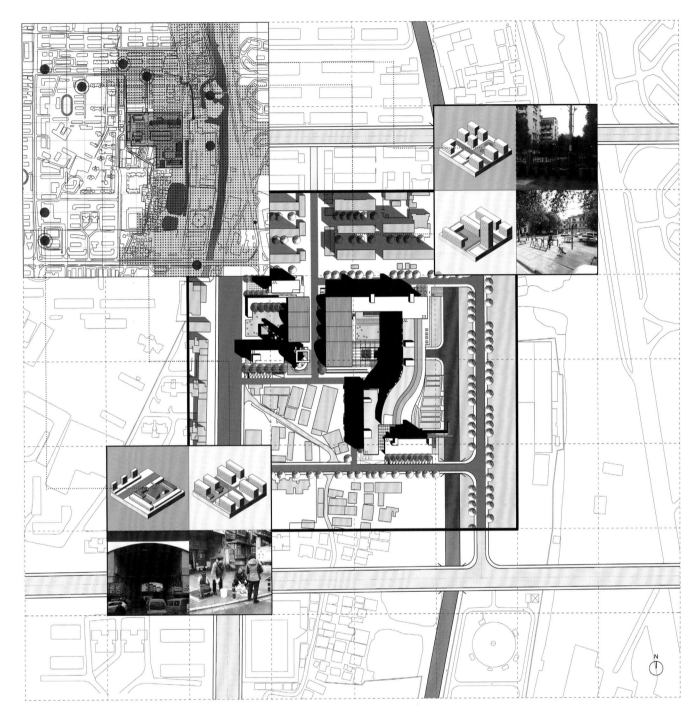

剖面图

▲大连理工大学：吴同欢、李劼威

生产性老龄化：
资料梳理清晰＋主题明确＝解题关键

舒　平、张　萍、严　凡*

本次大健康联合毕业设计场地情况复杂，各种矛盾相互交织，历史沉淀问题较多。初看题目，学生们的思维过于发散，提出若干种解决方案，但普遍存在问题认识不清，解决方案不能落实在设计中等问题。

经过对前期资料的搜集、任务书的详细解读以及现场调研，这片场地都有一个核心的标签"被遗忘的城区"。整个青山区因武钢而兴起，现又因武钢而衰落，这种旧工业城市片区的再激活也本是城市设计层面上一个非常有意思的课题。从现场访谈调研的情况来看，关于"是否为／曾为武钢职工"这一问题的答案也出乎所料。70.6％的老年人表示为／曾为武钢职工，这一结果表明当地人群结构相当固化，地区缺乏活力。通过分析解构场地本身的矛盾，总结为三个层面的问题：一是多样性和可达性的问题；二是自然生态的核心关键词；三是文脉历史记忆需要回应的问题。（图1）

以做方案的惯性来看，这片城区的衰落景象和背后隐藏的多样性潜力都有让人"激活"它的冲动。如何做到"激活"场地呢？关键在于对人的"激活"。人的参与对于建筑场所的塑造至关重要。如何"激活"老年人成为本设计的解题关键。激活，意味着更多参与，只有老年人参与到社区活动中，社区的活力才能提升。有效的参与方式是什么？这个问题需要和老年人的"需求"对应。这个区域老年人的需求点在哪里？曾经的工业重镇、单位大院、城中村、武钢职工、收入不高、老龄化程度最高……这些标记着区域特点的关键词，可以推断出此处的老人特别需要经济社会活动的参与——工作、志愿服务、照顾和教养孙辈等，无偿或有偿地为社会生产产品或提供服务。实践证明，这对于老年人的身心健康都有益处，同时也是建立积极老龄化的基础。

明确了老年人的需求，设计师要做和能做的事就是为老年人发挥作用创造条件，即方案设计。这两个方案的主题都是以"生产性老龄化"概念为设计导向，改造旧建筑，以新的方式重塑单位大院的生活记忆和模式，打破现有养老设施与城市空间隔离的状态，着力于城市空间的介入与活力激活，从景观渗透、人群渗透、记忆渗透三个层面阐释建筑与城市、人与环境、新与旧的关系，将生产性老龄化概念植入方案中进行探讨与设计。（详见方案）

总之，老龄化这个问题可以从老年人自身找到它的挑战和机遇。

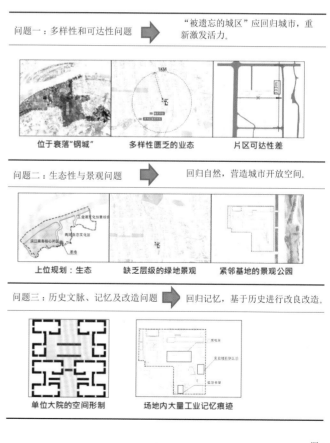

图1

* 舒　平，河北工业大学，教授；张　萍，河北工业大学，副教授；严　凡，河北工业大学，讲师。

老年人行为分析

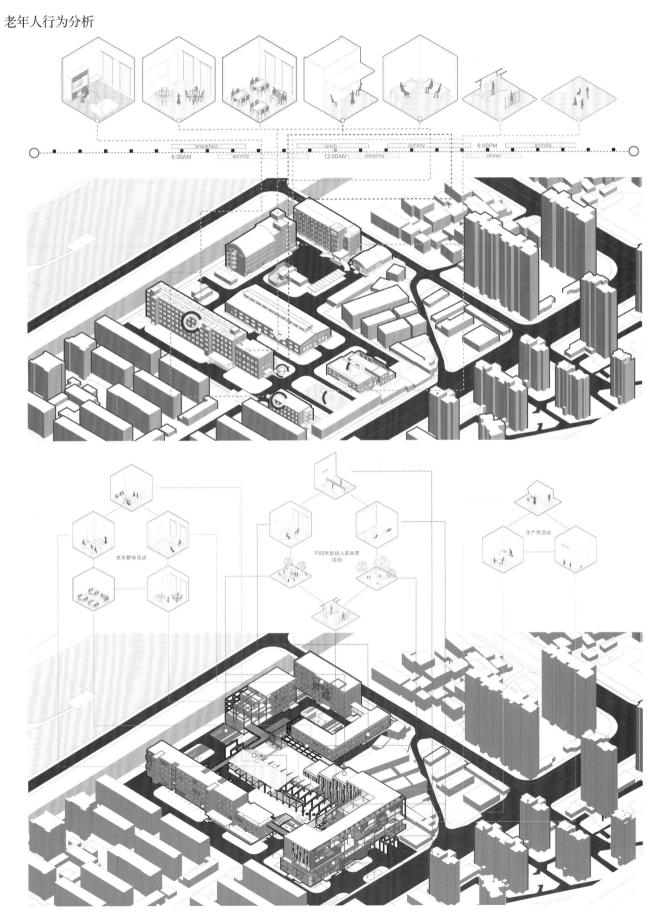

▲河北工业大学：付子慧、许家铖

旧城新"院"——集体记忆下的健康社区养老模式与空间解析

Renovation of the enterprise DANWEI courtyard　Healthy community pension model and spatial analysis from the collective memory

4.2　适老化设计

院落场地分析

大院空间元素构成分析

整个院区以空间环路与大院为主题，车型环路在连接城市交通的同时将园区分成了两部分，其中西侧与社区联系紧密，交通便利，而东侧面临河边景观，较为静谧。

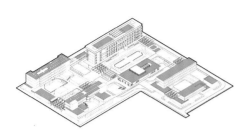

屋顶绿化

提高居住品质，为老人在高处居住创造了良好的窗外景观。

西侧南北两侧紧邻社区，西侧紧邻城市主干道，面向城市开放度高，因此打造成面向城市社区的共享集市，同时增强自理老人的社会参与感。此区域环路较为独立且串联区域所有建筑，形成漫游回溯空间。

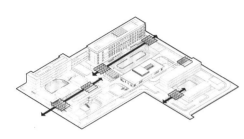

大院入口

使用工业建筑语言设置大院入口雨棚，尊重文脉，提高可识别性。

东侧面积较大，进一步划分为护理养老院区以及失能失智院区，同时在整个场地中部置入社区活动中心。完整的一条环路对于行动能力较差的老年人并不合适，因此根据两院区、一中心分割为三个小环路系统。

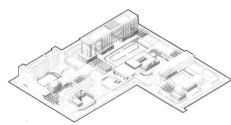

步行环路连接体量

园区内部服务功能用步行环路连接，方便老年人自主使用。

护理院区位于整个园区的中央，面积较大，考虑到整个院区的老年人复健需求，环路较为简单，设置较大活动场地，场地避开院内阴影区进行设置。

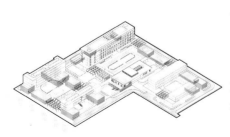

社区共享建筑体量

园区内部一部分功能面向社区共享开放，车型环路可到达这些体量。

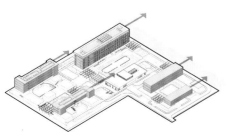

集中居住体量

园区内部居住单元架高，南北朝向保证空间品质，同时将空间向河边引导。

失能失智园区考虑到老年人认知能力与活动能力上的限制，不设大量活动场地，环形路径较为简单与独立，并用大面积绿地进行分隔，使得老年人的活动空间集中在环路之上。整个环路较为独立，仅红圈处与环路系相连。

▲哈尔滨工业大学：李贵超

场地功能布局

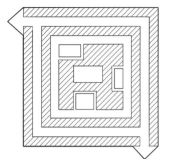

最外圈一层为城市空间，往里依次是机动车道、服务体块空间、人行步道活动体块空间、庭院空间，隐私性逐步增强，但是对于老年人的开放性却逐渐增加，有助于老年人开展各种活动。

机动车道与人行步道设计

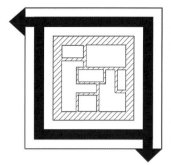

场地最外侧布置环形机动车道来满足建筑群体的防火扑救要求，另外机动车道与辅助体块紧密相连，以保证最佳的护理效率。人行步道布置在内部，实现人车分离，保证老人在场地中能够自由行走，不与车道相连。

辅助与活动体块设置

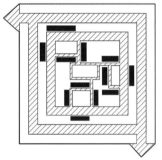

将辅助体块布置在环形机动车道与人行步道之间，既满足了对外界城市供给的需求，也满足了对内的服务需求。将活动体块布置在人行步道之内来满足园区内部老年人的活动需求，为老人们提供充足的休憩、活动节点空间。

养老单元布置其上

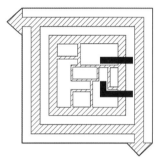

将养老单元布置在一层辅助体块与活动体块之上，使居住在内部的老人能够同时获得护理的需求与活动的需求，养老单元也能获得充足的日照，来满足老年人对光照的更高需求，形成完整的服务体系。

▲哈尔滨工业大学：张　岳

问题行为1：时间感缺失

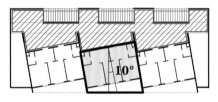

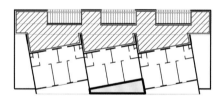

老年人视线变得不敏感，需要更明亮的室内，根据武汉地区最佳朝向为南偏东10°来扭转建筑单元，以获最佳采光。

走廊与休憩空间作为老人的常用空间，需要明亮的日照，故释放了北向空间，为活动老人带来重组柔和的自然光线。

失能失智老人对季节和天气变化不敏感，设置阳台为老人们足不出户体验气候与季节提供可能，亦可作交往使用。

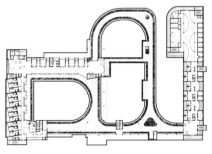

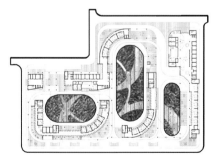

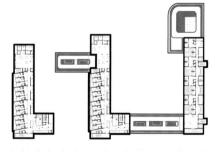

失能失智老人对季节变化不敏感，在二层循环步道系统两侧设置抬高的种植绿带，让老人能够体验四季的变化。

失能失智老人对季节变化不敏感，在一层场地庭院大量种植绿植，为老人提供花园般的空间，人处于自然之中。

失能失智老人对季节变化不敏感，除了二层步道设置抬高的种植绿带外，在各层平台上同样设置了相同的绿带。

▲哈尔滨工业大学：张　岳

问题行为 2：容易走路迷失

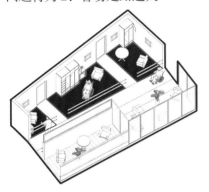
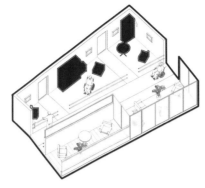
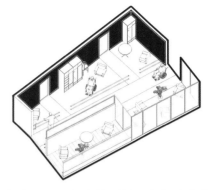

玄关皆为放置老人旧物的区域，用来帮助老人回忆并记住他们自己的居处住所，使老人从心里获得认同感与归属感。

在墙面进行颜色的引导，来帮助老人对自己的居所进行认知，通过不同颜色辅助老人对自己的住所判断和认知。

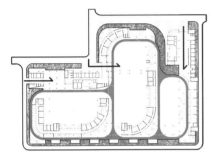
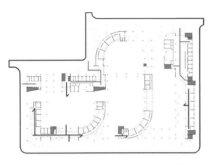
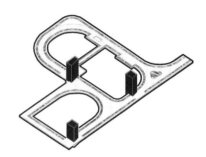

为失能失智老人设置人行环道，为了防止老人走失，用绿地而不是格栅进行围合，设三处出入口并配备人员管理。

规划老人的活动流线，通过暴露在外的交通核搭配颜色，帮助老人时时刻刻对自己进行定位，以防老人迷路。

二层步道系统形成完整闭环，失智老人在上方进行自由活动后，仍可方便地通过暴露交通核回到自己的住所。

问题行为 3：徘徊行为

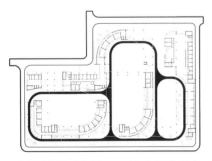
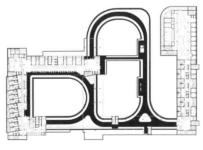
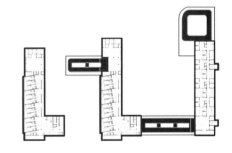

一层设置环形步道，三栋建筑的老人可在环路自由行走并在环路交接处相遇，以获得老人们之间的自由交流。

二层步道系统形成完整闭环，失智老人可在上方进行自由活动后，仍可方便地通过暴露交通核回到自己的住所。

在各层平台的设计上同样设置了环道，让老人在平台上也能徘徊，丰富了老人的活动层次，设置节点满足休憩需要。

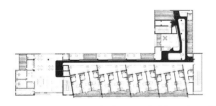

在建筑室内设置宽度 1.2 米的环路，搭配地面划线与鲜艳颜色的填充和休憩节点，来使得老人的路线更有意义。

在旧楼改造室内设置宽度 1.2 米的环路，并且与居室单元结合，使环线经过的功能区更加多样，使老人的路线变得更有意义。

在旧楼改造室内设置宽度 1.2 米的环路，并与居室单元结合，使环线经过的功能区更加多样，使老人的路线变得更有意义。

▲哈尔滨工业大学：张 岳

问题行为 4：老年人病情恶化，需求改变

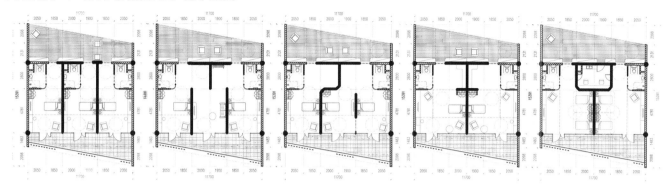

适时提供给三位轻／中度失能失智的老年人使用。

适时提供给两位轻／中度失能失智的老年夫妻共同使用。

适时提供给轻度和重度失能失智的老年夫妻互相照料使用。

适时提供给两位轻度失能失智的老年人交流使用。

适时提供给四位重度失能失智的老年人进行特殊护理时使用。

问题行为 5：老年人自我认同感低

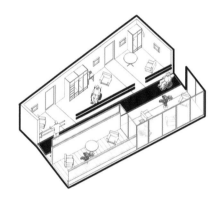 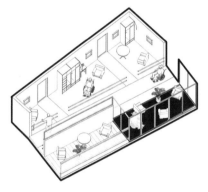 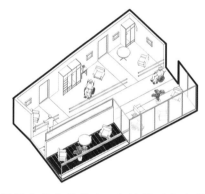

通过室内环线与玄关空间的串联，增加老年人之间偶遇、交流的机会，有助于老年人发现有相同兴趣爱好的伙伴，并进行交流。

设置室内休憩节点，并用植物增强隐私性，为老人营造小组团、小体积的交流空间，有助于老人的心理健康建设。

设置室外休憩节点，相比较于室内的空间，其隐私性更强，形成更加私密的交流空间，有助于老人发生各种各样的交谈。

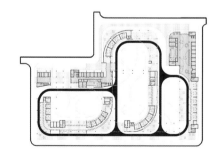 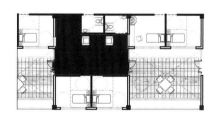 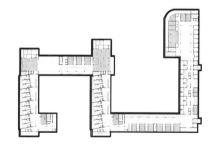

围绕一层环线设置众多多功能的活动室，有助于不同兴趣爱好的老人有足够的活动空间进行自己爱好的活动。

改造重度失能失智老人的居住组团，将起居室置于老人居室中间，方便组团之间的老人进行交流、交往活动。

在居住组团连接体的设置上，同样创造了众多私密度较高的活动室，以方便老人自发参与各种各样的活动。

▲哈尔滨工业大学：张 岳

旧城新"院"——集体记忆下的健康社区养老模式与空间解析

Renovation of the enterprise DANWEI courtyard　Healthy community pension model and spatial analysis from the collective memory

机动车道分析

机动车道分为单向车道与双向车道，双向车道将场地切割成东西两部分，并在场地东侧围绕建筑形成消防环道，人车分离。

人行环道分析

为失能失智老人设置人行环道，将整个场地串联，在环路的节点处放大，增加老人偶遇的机会，设计了满足不同畅度要求的空间。

步行环路分析

二层设计环形步道与建筑紧密相连，丰富失能失智老人的活动层次，较一层更容易到达，并设计放大节点，保证老人的休憩。

房间性质分析

将养老居室放置在建筑南侧，并且将新建的建筑居室南向偏东10°来获得武汉地区的最佳采光，活动室则呼应兼顾东西向。

景观庭院分析

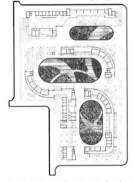

建筑围合形成三个庭院，北向庭院面积较小，私密度较高，主要提供给重度失能失智老人使用，南向和中间的庭院则较为开放。

环道入口分析

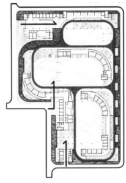

为失能失智老人设置人行环道，为了防止老人走失，用绿地而不是格栅进行围合，设置三处主要出入口，并配备护理人员管理。

环路景观分析

二层设计环形步道与景观相搭配，从视觉、嗅觉和触觉三方面，为失能失智老人提供适当的刺激来辅助治疗，帮助其感受四季的变化。

步道流线分析

失能失智老人具备徘徊的特征，二层步道为闭合的循环流线，并且配合节点来承载老年人多种多样的活动和休憩需求。

建筑性质分析

失能失智老人具备徘徊的特征，二层步道为闭合的循环流线，配合节点来承载老年人多种多样的活动和休憩需求。

灰空间分布分析

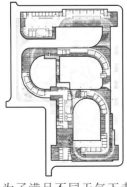

为了满足不同天气下老年人的活动需求，在建筑一层营造了众多灰空间，并用不同的铺装以及不同的活动空间来满足需求。

室内环路分析

建筑内部每一层同样存在循环流线，并搭配休憩空间和交往空间为老年人提供丰富的健身和交流场所，足不出户即可运动。

休憩节点分析

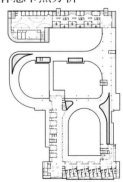

二层步道系统设置不同功能的休憩与交往区域，使得步道系统的体验更加丰富，促进老年人的健康热情以及丰富了健身体验。

▲哈尔滨工业大学：张　岳

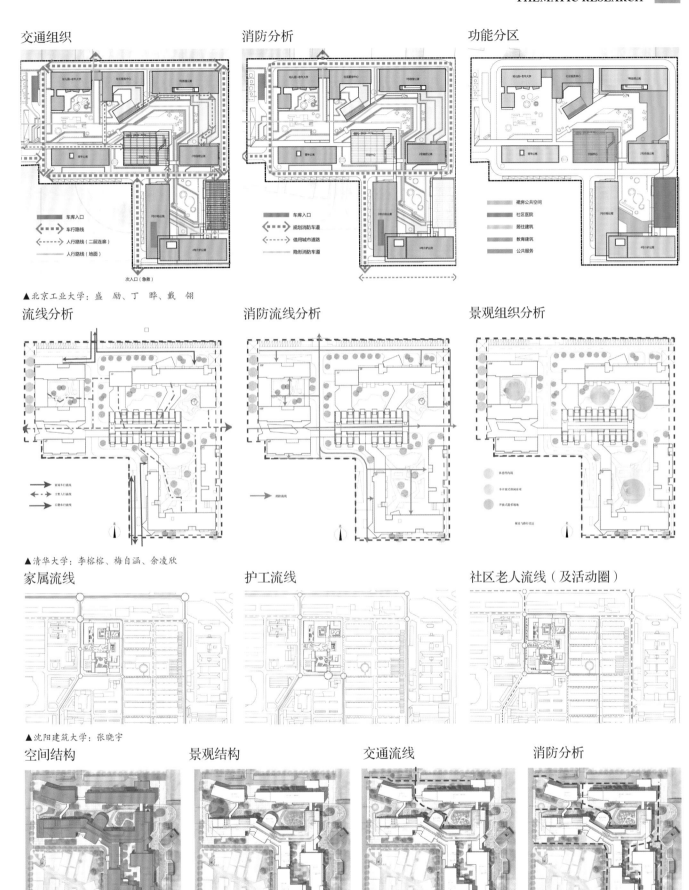

交通组织

消防分析

功能分区

▲北京工业大学：盛 励、丁 晔、戴 翎

流线分析

消防流线分析

景观组织分析

▲清华大学：李榕榕、梅自涵、余凌欣

家属流线

护工流线

社区老人流线（及活动圈）

▲沈阳建筑大学：张晓宇

空间结构

景观结构

交通流线

消防分析

▲重庆大学：于 沐

旧城新"院"——集体记忆下的健康社区养老模式与空间解析

Renovation of the enterprise DANWEI courtyard　Healthy community pension model and spatial analysis from the collective memory

绿化空间

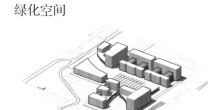

流线景观分析

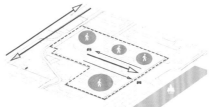

垂直交通

功能分区

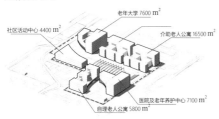

社区活动中心 4400 m²
老年大学 7600 m²
介助老人公寓 16500 m²
医院及老年养护中心 7100 m²
自理老人公寓 5800 m²

剖面空间示意

场地入口及各建筑入口

▲大连理工大学：段　辉、王振羽

交通空间与内嵌庭院

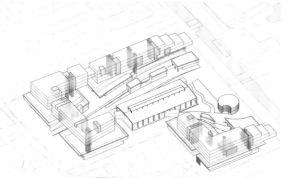

轴测图

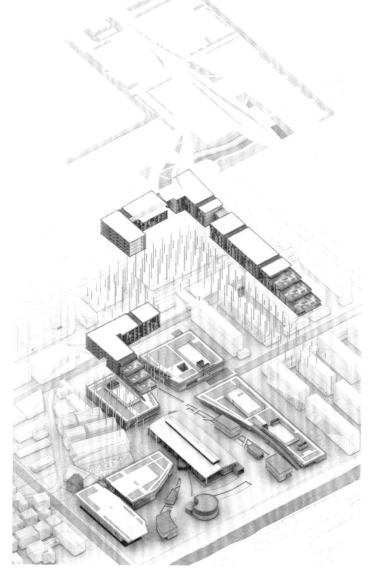

屋顶绿化

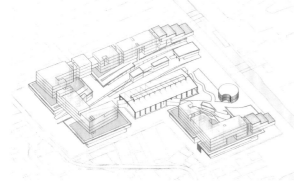

消防车道

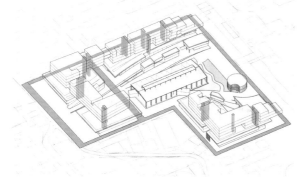

▲大连理工大学：江宇薇、宋　丹

自理老人空间功能结构

　　自理老人二级空间以社区活动为主，主要功能为购物集市、社区讲坛、老年大学和室外活动场，兼具一般性的公共活动功能。

　　三级空间为二级空间功能的延伸，是核心功能空间，意在鼓励自理老人积极与社区沟通。

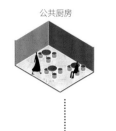

公共厨房

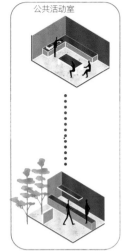

公共活动室

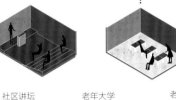

社区讲坛　　　老年大学　　　老年购物集市　　室外活动场

半自理老人空间结构

　　半自理老人二级空间以公共活动为主，主要功能为室外活动场、室内健身、户外景观、种植园艺、运动等。

　　三级空间则为二级空间功能的延伸，以观察的行为为空间核心，通过对平台界面的适老设计，使半自理老人与多种行为活动串联，意在鼓励其个人进行运动、康健活动。

观望平台、活动延伸

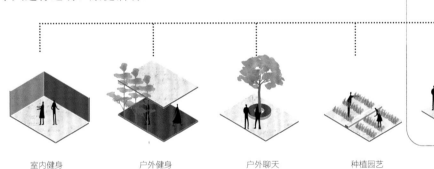

室内健身　　　　户外健身　　　　户外聊天　　　种植园艺　　　　活动锻炼

失能失智老人空间结构

　　失能失智老人二级空间以环线疗愈空间和社工活动空间为主体功能，包括手工课堂、回忆照片、失智咖啡厅、失智花园等。

　　三级空间关注护理，以护理为核心并结合环线疗愈空间进行空间组织，意在建立有效的建筑空间疗愈。

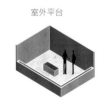

室外平台

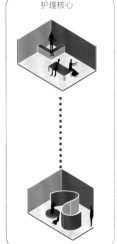

护理核心

▲华中科技大学：刘洪君、陈恩强

养老组团小场景

复健性健身器材

琴室

公共厨房与餐厅

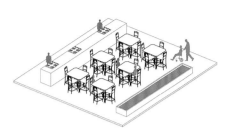

无障碍水疗池

购买行为

社区书吧

▲沈阳建筑大学：张晓宇、熊　婷

介助介护花园的布置

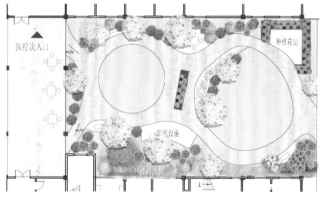

弯曲路径的布置比直角更适合轮椅和助行器行走。

不同材质路面和有缓缓高起的土坡可以辅助锻炼。

特别布置的种植花坛，有利于使用轮椅的老人参与种植。

锻炼路径提供扶手辅助锻炼。

中间开敞草坡可供集会活动使用。

为不同的老人提供不同类型的活动。

失智疗养花园

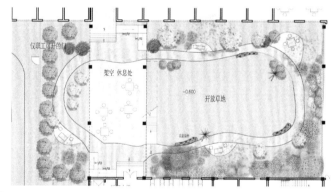

用灌木作为边界，防止失智老人看到围栏后产生焦躁情绪。

架空层提供休息空间，并扩展花园的面积。

环形的简单路径让老人不会产生迷惑和焦躁心情。

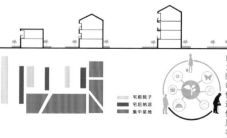

自理区院子的布置以种植为主题，一层有宅前的小院子、宅后的纳凉之所，每层的阳台和退台也都提供了种植空间，除此之外，还提供了大片的种植菜园，供老人和周边居民认领。周边建筑提供共享厨房、农具间、售卖与制作间等辅助功能，促进交流。

▲华中科技大学：余苗苗

景观生成逻辑

生成景观格局

景观空间节奏

景观慢性系统骨架

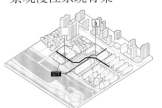

确定景观和医疗两条
不同的慢性骨架

总图功能分区

三角形斜切元素，
呼应建筑形态

景观系统设计

线状步道　公共空间　运动场地

目前场地内物理环境较差，仅存在较多树木和荒废的工厂构架旧址，缺少明确的空间意向及主题。因此，应结合建筑的功能分区对景观进行主题深化、海绵城市的绿色建筑景观设计。

场地内现有庭院尺度过大，缺少细节的地面铺砖、扶手座椅等适老化设计，不利于老年人行走活动。且其广场中间位置暴露于阳光之下，在极端天气不能满足老人对热舒适度的要求。

工业遗迹　无障碍设计　分期多主题

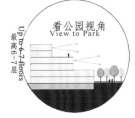

退台建筑朝
向公园景观

充分利用
河道景观

设施朝向
景观轴线

沿景观轴线
设置商业

带状和"C"
形景观形式

▲重庆大学：刘大豪、宋雅楠、王逍

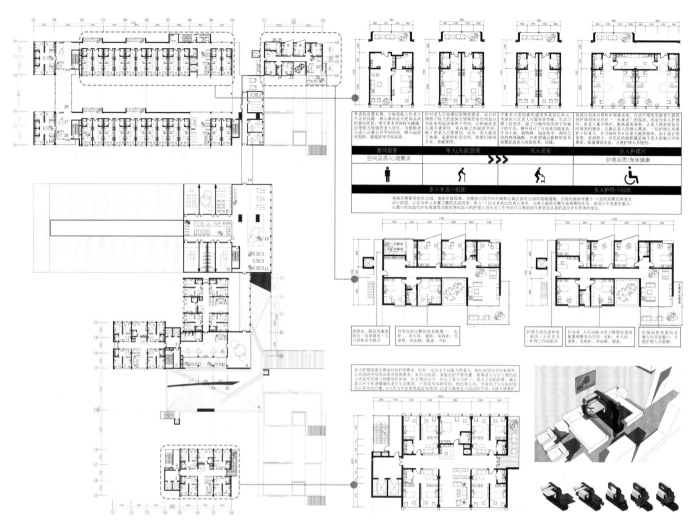

▲哈尔滨工业大学：弓　成

护理组团东侧立面

入户门为了满足疏散的需求，通过墙体的内凹形成门斗，同时也保护了开门时的隐私。

面向东侧的窗户为了给老年人争取尽可能多的晨间光照，窗户向东南方向展开，来满足老年人对日照采光的需求。

西侧走廊里面策略

门口形成内凹的空间，在入口的地方形成老年人的自我领域，由老年人进行个性化设计，增强自己的归属感，同时也是停留性空间。

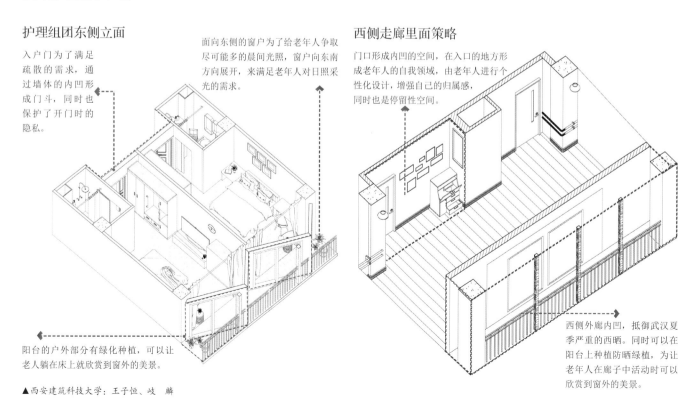

阳台的户外部分有绿化种植，可以让老人躺在床上就欣赏到窗外的美景。

西侧外廊内凹，抵御武汉夏季严重的西晒。同时可以在阳台上种植防晒绿植，为让老年人在廊子中活动时可以欣赏到窗外的美景。

▲西安建筑科技大学：王子恒、岐　麟

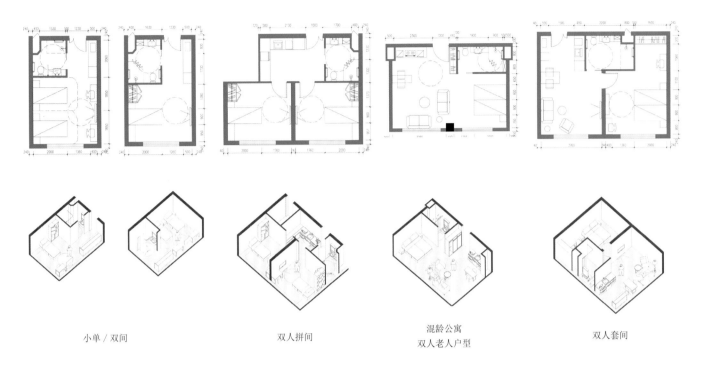

小单 / 双间 双人拼间 混龄公寓 双人套间
双人老人户型

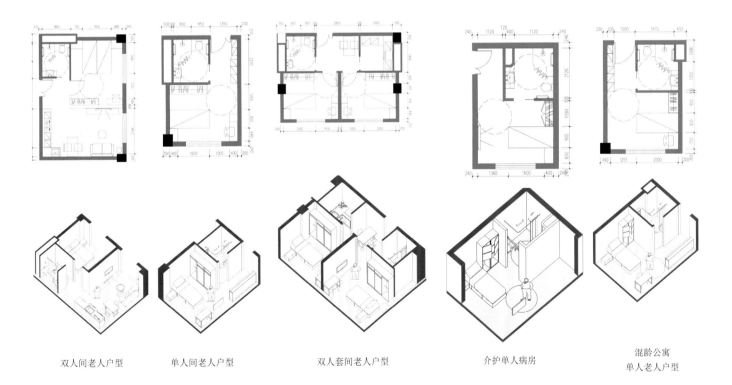

双人间老人户型 单人间老人户型 双人套间老人户型 介护单人病房 混龄公寓
单人老人户型

▲ 河北工业大学：卜笑天、高鹏程

老年居室精细化设计

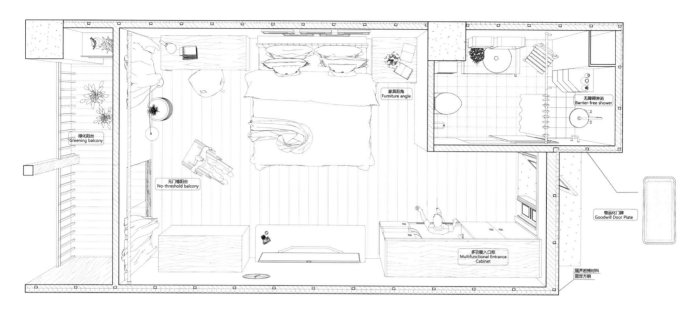

适老化景观设计

内部走廊大于1.5米，满足基本活动空间。

南向的大开窗，窗前有大空间，满足老人晒太阳的需求。

门为外开，方便轮椅进出，且不影响楼道交通，设置扶手。

设置多处储藏空间，且可移动。

卫生间设计扶手，保证老人安全。

适老化产品设计

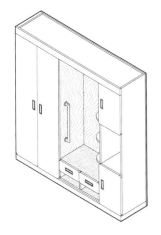

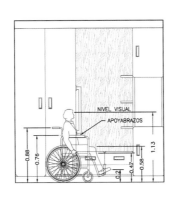

功能入口柜子作为入口的主要家具之一，兼具老人换鞋、取物与分类置物的可能，并且结合老人的身体尺寸设定扶手的位置。

扶手同时满足老年人所需的基本尺寸，包括坐卧与在轮椅上面的基本取物等需求，同时置物板阳角做圆角设计，防止老年人受伤。

入口柜由二个基本功能组成，集衣柜、换鞋柜与储物柜于一体，满足老年人换衣、换鞋和储物的需求。

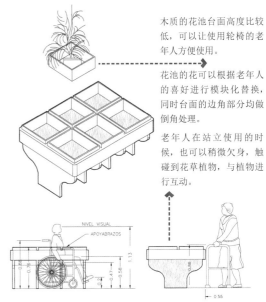

木质的花池台面高度比较低，可以让使用轮椅的老年人方便使用。

花池的花可以根据老年人的喜好进行模块化替换，同时台面的边角部分均做倒角处理。

老年人在站立使用的时候，也可以稍微欠身，触碰到花草植物，与植物进行互动。

▲重庆大学：刘大豪、宋雅楠、王逍

集约型家居设计，台面满足日常操作。

内部走廊大于1.5米，满足基本活动空间。

独立大阳台，提供室外休闲空间。

玻璃与窗帘组合隔断，调节自然采光。

卫生间干湿分离。

▲西安建筑科技大学：张瑾慧、黄　欢

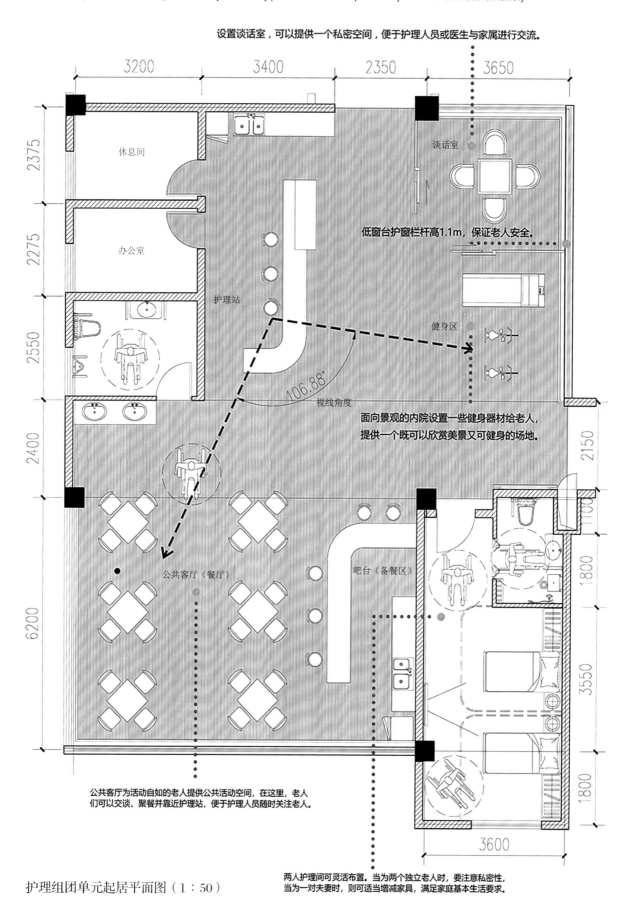

设置谈话室，可以提供一个私密空间，便于护理人员或医生与家属进行交流。

低窗台护窗栏杆高1.1m，保证老人安全。

面向景观的内院设置一些健身器材给老人，提供一个既可以欣赏美景又可健身的场地。

106.88°
视线角度

休息间

办公室

护理站

谈话室

健身区

公共客厅（餐厅）

吧台（备餐区）

护理组团单元起居平面图（1：50）

公共客厅为活动自如的老人提供公共活动空间，在这里，老人们可以交谈、聚餐并靠近护理站，便于护理人员随时关注老人。

两人护理间可灵活布置。当为两个独立老人时，要注意私密性，当为一对夫妻时，则可适当增减家具，满足家庭基本生活要求。

▲西安建筑科技大学：贾　薇、胡宇琪

主要单元大样平面图（1：50）

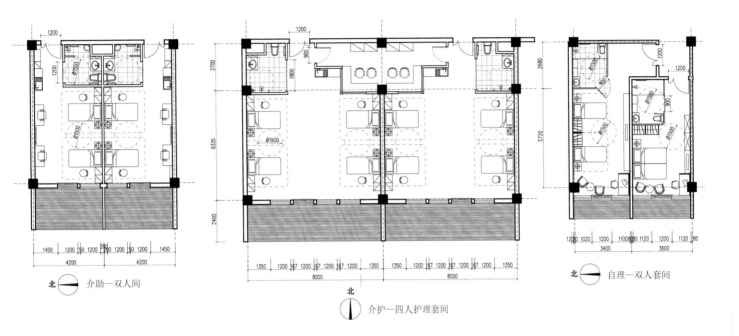

北　介助—双人间

北　介护—四人护理套间

北　自理—双人套间

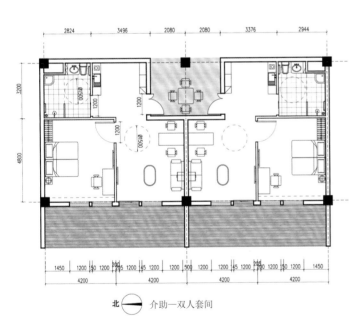

北　介助—双人套间

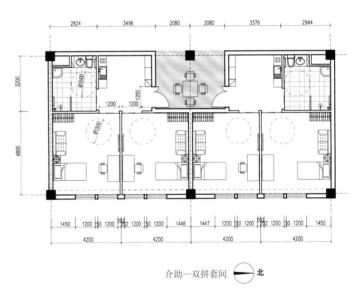

介助—双拼套间　北

▲北京工业大学：盛　励、白　晔、戴　翎

旧城新"院"——集体记忆下的健康社区养老模式与空间解析

Renovation of the enterprise DANWEI courtyard   Healthy community pension model and spatial analysis from the collective memory

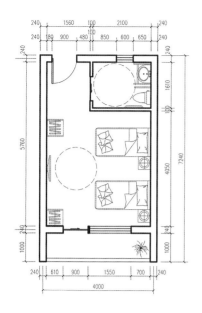

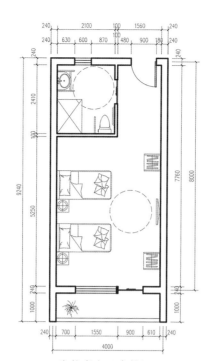

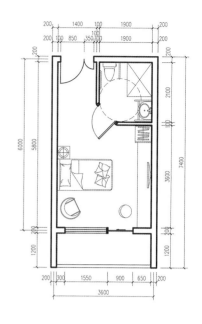

失能老人（介护）140 床

户型 A：双人 4 米 ×6 米带阳台
每个组团 10 间；
尺度只需满足护理人员推轮椅
行走；
床留两侧护理空间。

失能老人（介护）

户型 B：双人 4 米 ×8 米带阳台
每个组团 7 间；
尺度只需满足护理人员推轮椅、行
走，床留两侧护理空间；
房间无淋浴，设置公共助浴间。

认知障碍老人（介助）

户型：单人 3.6 米 ×6 米带阳台
每个组团 10 间；
在床上可以看见门、卫生间、家具；
房间尽量设置单人间组团式布置，
出门实现可达起居室。

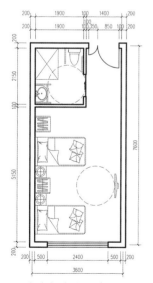

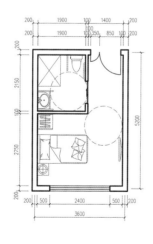

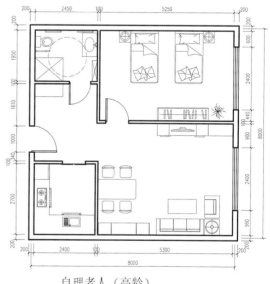

半失能老人（介助）

半失能老人（介助）

自理老人（高龄）

户型：双人 3.6 米 ×7.6 米
每个组团 12 间；
尺度需满足轮椅回转空间；
床留一侧护理空间；
子母门利于轮椅出入及护理
观察。

户型：单人 3.6 米 ×5.2 米
每个组团 4 间；
尺度需满足轮椅回转空间；
可改造为认知障碍老人户型；
子母门利于轮椅出入及护理观察。

户型：双人 8 米 ×8 米套间
每个组团 3 户；
类似住宅布置，有自己的厨房和起居室；
分床利于老人休息；
房间可改造空间大，便于可持续发展。

▲哈尔滨工业大学：万　鑫、宋子琪

生活单元居室（1：50）

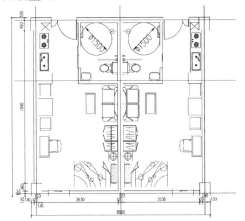

与老年养护院不同，老年公寓主要分为开间和套间两种形式。开间位于建筑南侧，可以为更多老年人提供舒适的日照与通风环境。

考虑到使用人群的多样性，套间在使用上具有一定优势，可以为老年人的生活私密区和生活开放区之间设置明显界定，后期空间适合作为洄游动线空间。

养护单元居室（1：50）

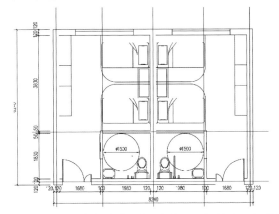

对场地内原有 2 号老年公寓进行改造，开间较大，但进深较小。因此，室内不布置淋浴空间。考虑到入住老人多为介助、介护老年人，采用双人间形式更有利于使用和管理。

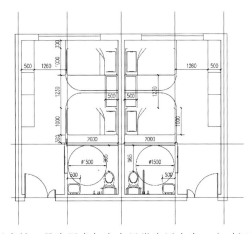

设置了桌椅，是为了老年人在日常生活中有一定时间可以进行静坐的活动及缓解卧床的压力。

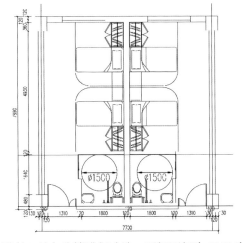

场地内原有 5 号办公楼进行改造，开间正好为 3600 毫米，但进深较大。因此，室内不布置淋浴空间。考虑到入住老人多为介助、介护老年人，采用双人间的形式更有利于使用及管理。

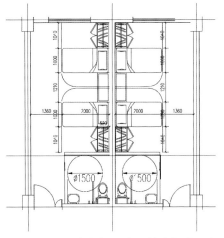

考虑到建筑开间问题，将衣柜、桌子等空间在一侧布置，使得另一侧有利于轮椅的通行、回转等。

▲北京建筑大学：雷黄景

旧城新"院"——集体记忆下的健康社区养老模式与空间解析

Renovation of the enterprise DANWEI courtyard　Healthy community pension model and spatial analysis from the collective memory

灰度空间

会客、饮食、娱乐　　　　　　宠物、种植　　　　　　宗教、冥想

会客、娱乐　　　　　会客、饮食、棋牌　　　　　餐厨

▲沈阳建筑大学：张家瑞

改造前后通风效果对比

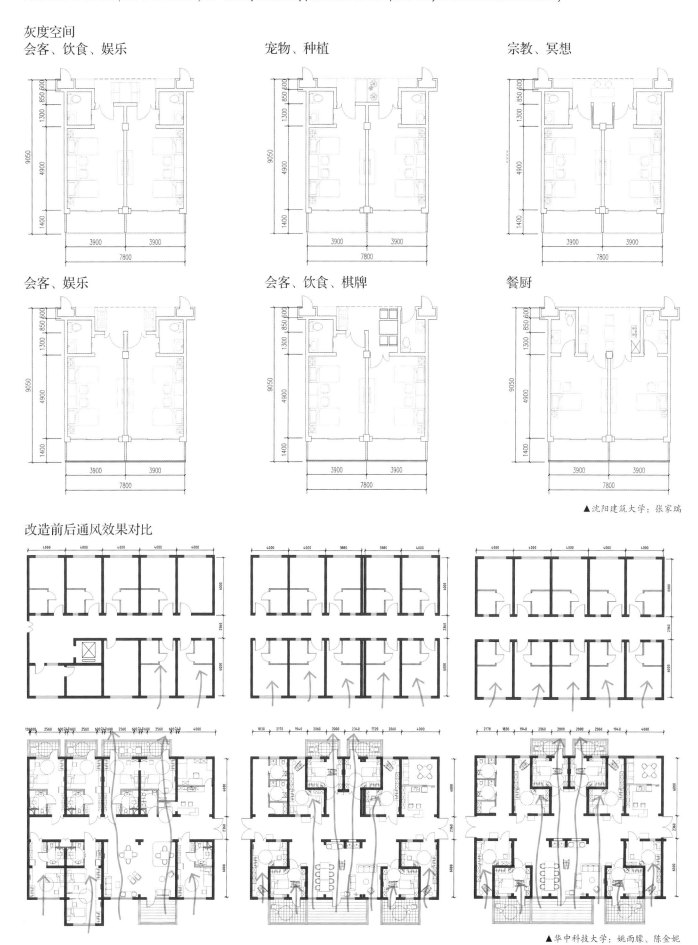

▲华中科技大学：姚雨朦、陈金妮

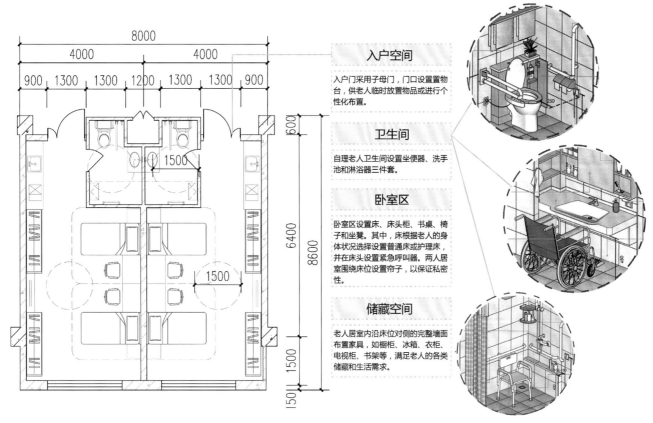

入户空间

入门采用子母门，门口设置置物台，供老人临时放置物品或进行个性化布置。

卫生间

自理老人卫生间设置坐便器、洗手池和淋浴器三件套。

卧室区

卧室区设置床、床头柜、书桌、椅子和坐凳。其中，床根据老人的身体状况选择普通床或护理床，并在床头设置紧急呼叫器。两人居室围绕床位设置帘子，以保证私密性。

储藏空间

老人居室内沿床位对侧的完整墙面布置家具，如橱柜、冰箱、衣柜、电视柜、书架等，满足老人的各类储藏和生活需求。

双人护理间平面（1：50），户型面积：32 平方米，目标对象：介助的老人、独身老人等。

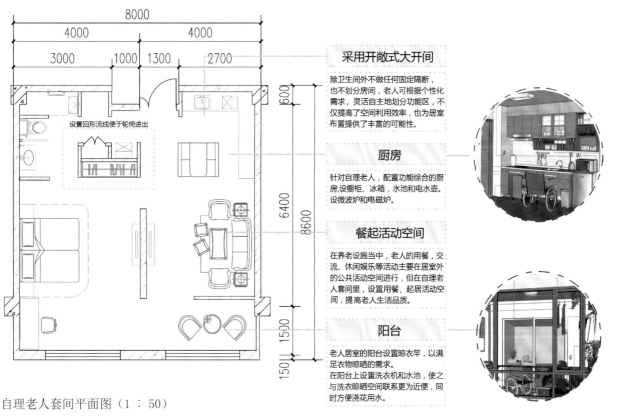

采用开敞式大开间

除卫生间外不做任何固定隔断，也不划分房间，老人可根据个性化需求，灵活自主地划分功能区，不仅提高了空间利用效率，也为居室布置提供了丰富的可能性。

厨房

针对自理老人，配置功能综合的厨房，设橱柜、冰箱，水池和电水壶。设微波炉和电磁炉。

餐起活动空间

在养老设施当中，老人的用餐、交流、休闲娱乐等活动主要在居室外的公共活动空间进行，但在自理老人套间里，设置用餐、起居活动空间，提高老人生活品质。

阳台

老人居室的阳台设置晾衣竿，以满足衣物晾晒的需求。
在阳台上设置洗衣机和水池，使之与洗衣晾晒空间联系更为便捷，同时方便浇花用水。

自理老人套间平面图（1：50）

户型面积：64 平方米，目标对象：老年夫妇、结伴养老的老人。

▲东北大学：宋晓宇、陈 超

旧城新"院"——集体记忆下的健康社区养老模式与空间解析

Renovation of the enterprise DANWEI courtyard　Healthy community pension model and spatial analysis from the collective memory

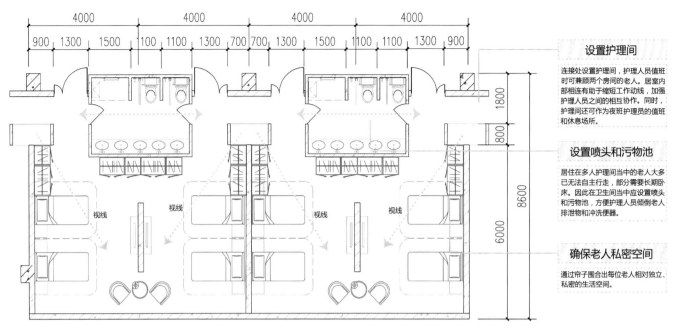

四人护理间平面图（1：50）　　　目标对象：需要重度护理的老人

设置护理间

连接处设置护理间，护理人员值班时可兼顾两个房间的老人。居室内部相连有助于缩短工作动线，加强护理人员之间的相互协作。同时，护理间还可作为夜班护理员的值班和休息场所。

设置喷头和污物池

居住在多人护理间当中的老人大多已无法自主行走，部分需要长期卧床。因此在卫生间中应设置喷头和污物池，方便护理人员倾倒老人排泄物和冲洗便器。

确保老人私密空间

通过帘子围合出每位老人相对独立、私密的生活空间。

▲东北大学：宋晓宇、陈　超

A. 自理户型单人间
房间数：1层12间，2～3层各22间，4～5层各18间，共92床。

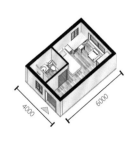

自理单人间由原有建筑房间改造而来，保留原始卫生间的位置和大小，以保证水电改造量较小，经济简便。布局满足基本生活需求，包括厨房、卫浴等，部分单人间有挑出阳台。据统计，单人间的需求量较大，护理单人间在三栋护理公寓中的另外两栋，本方案未涉及。

B. 自理/护理户型双人间
房间数：自理1～3层各6间，4层4间，5层3间，共50床。护理2～5层各12间，共96床。

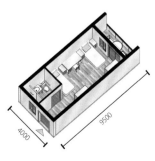

自理双人间满足单人间到双人套间之间的需求，适合双方为亲友或经济拮据的老人入住，布局紧凑，朝向及景观面良好，为新加建部分。护理双人间则经济紧凑，便于护理人员管理，老人之间也可相互照应。

C. 自理双人套间
房间数：1层2间，2～3层各4间，4～5层各3间，共32床。

自理双人套间满足夫妻亲友等入住需求，空间品质较好，功能齐全。中间隔断出私密开放两种空间，必要时可实现功能置换，如一方自理一方护理的情况下，可隔出两个房间便于看护。

变换可能性01——
半护理半自理型

D. 护理双人双拼间
房间数：护理2～5层各3间，共48床。

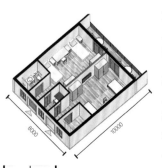

护理双人双拼间在保证两个双人间分别有卫浴和私密性的情况下，为了便于护理人员工作，增加两个双人间之间的交流，房间之间使用公共的餐厨或起居空间，也有公共阳台，既有利于护理人员两边看护，又能增加两者交流。必要时中央隔墙可打开形成大的起居室。

变换可能性02——
护理套间型

▲哈尔滨工业大学：陈　殷、吴家璐、林莹珊

室内适老性设计

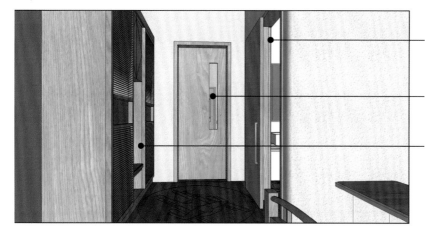

卫生间门
老年人使用的卫生间门为照顾到轮椅的使用，用推拉门或者外开门为主，扶手较低。

入户门
入户门设置观察窗，方便护理人员，扶手较低。

玄关柜
玄关设置可坐柜，方便轮椅使用、更换和休息。自理老人可以使用厨房等。

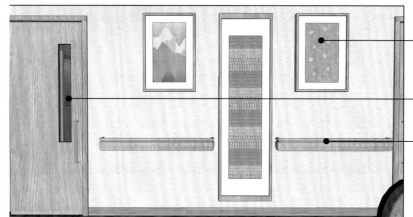

走廊挂画
走廊入户门挂不同的画，不仅可以增加温馨的氛围，还可以使老年人认得自己的房间不至于迷路。

入户门
入户门设置观察窗，方便护理人员处理时间，扶手较低。

走廊扶手
走廊设置扶手方便老年人使用，墙角也用圆角防止受伤。

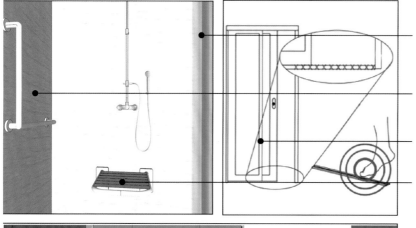

淋浴帘
淋浴间分割用浴帘，方便轮椅使用。

淋浴扶手
淋浴扶手防止老年人滑倒。

卫生间高差
卫生间防水门槛容易使老年人摔倒，因此用排水缝代替。

淋浴凳
行动不便的老年人淋浴使用，采用折叠方式。

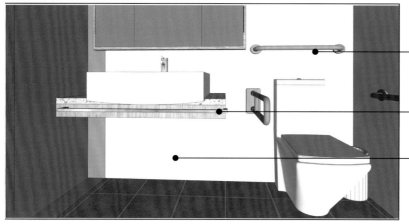

坐便扶手
行动不便的老年人起身和坐下时使用，方便活动防止摔倒。

水池扶手
使用洗手台时的扶手，防止摔倒。

洗手台下空
洗手台下方空置而非柜子，方便轮椅使用者将轮椅推进时使用。

▲哈尔滨工业大学：陈　毅、吴家璐、林莹珊

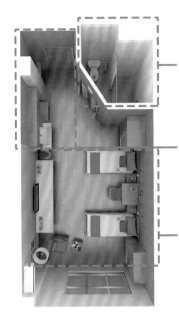

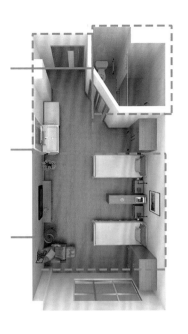

卫生间
卫生间内有马桶如厕区和淋浴区。

入口区
可放置物品或换鞋凳、洗手池等家具。

睡眠区
两床之间的空间相对自由，可以用不同的家具摆放，共享书柜或是双向矮柜。

台盆选型：
老人洗漱都在卫生间，不可避免地会造成水花外溅，台盆必须宽大，台盆下面需悬空，保证轮椅老人可以将腿放入台盆。

斜角镜子：老人，特别是使用轮椅的老人照镜子的高度较年轻人低，倾斜的镜子可以让老人清晰地看到自己的面部，镜前灯提供局部照明，同时镜前灯提供局部照明，保证照度，其开关就在镜子边缘，同时保留一个防水插座，供老人介护员使用吹风机等电器。

入户门：保持旧建筑改造的现状，不改变走廊墙体，开门方向必须内开，否则会影响走廊宽度。

观察窗：门上设置纱窗，介护员从居室外观察到屋内是否开灯，是否有老人走动等情况，但绝不能清晰地看见室内，以保证老人隐私，同时考虑到白天老人的户门往往是开启的，可以在门外悬挂一道半帘遮挡视线。

门口扶手体系：在位于门口开门位置的门边设置另一处扶手，老人可以扶住墙上的固定扶手，再用另一只手开启门扇。

折叠门：可以获得足够的开启宽度，便于进出，同时折叠门不会占用门口的通道面积。

▲哈尔滨工业大学：梁　晗

呼叫装置：马桶旁边设呼叫器。

卫洗丽：马桶旁边预留防水插座，针对有此习惯的老人，可以安装卫洗丽。

马桶高度：马桶高度高于一般马桶扶手体系；对应每一处老人身体重心发生变化的位置。

轮椅活动方式：老人由工作人员用轮椅推进卫生间，轮椅斜插靠近马桶，老人手握"L"形扶手和横向扶手双手支撑，介护员在斜侧面辅助，完成起身转体动作。

清洗喷头：在马桶旁边设置一个喷头，方便介护员直接在马桶附近协助失禁老人进行清洗。喷头为把手按压式。

双卷纸筒：隔板下放置卷纸筒，双卷筒的设计避免出现卷纸更换不及时的情况，既提高了工作效率，又节能环保。

"L"形扶手：靠墙"L"形扶手采用撑板与立杆的结合，因为老人的撑力大于握力，遂采用搁板代替横向扶手，同时搁板也可放置随身物品。

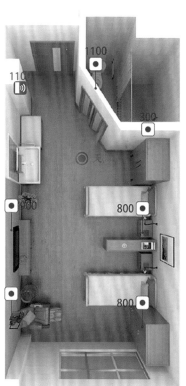

所谓无线呼叫器，是老人挂在胸前的一种呼叫器或遥控装置。老人一旦面临突发疾病或紧急情况，只需要按动挂在胸前的遥控按钮，就可与护理员联系获得救助。

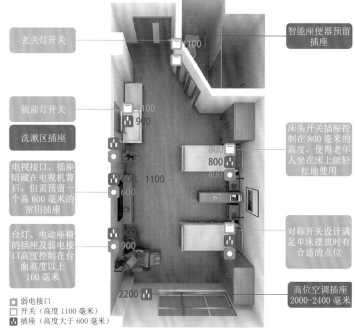

玄关灯开关

镜前灯开关

洗漱区插座

电视接口、插座暗藏在电视机背后，但需预留一个高 600 毫米的常用插座

台灯、电动座椅的插座及弱电接口高度控制在台面高度以上 100 毫米

弱电接口
开关（高度 1100 毫米）
插座（高度大于 600 毫米）

智能座便器预留插座

床头开关插座控制在 800 毫米的高度，使得老年人坐在床上能轻松地使用

对称开关设计满足单床摆放时有合适的点位

高位空调插座 2000－2400 毫米

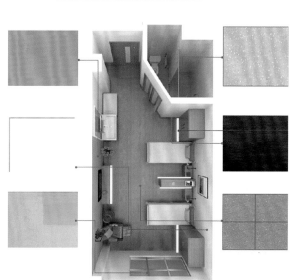

踢脚线：大于 350 毫米（踢脚线、家具踢脚）。

目的：使轮椅老人获得更大的活动空间。

将家具踢脚线部位内收，并内嵌 LED 发光灯带，作为夜灯。

智能 LED 灯带白天不工作，夜晚自动感应老人下床走动等动作，自动亮起，老人回到床上后自动熄灭。保障老人夜间起床如厕的临时照明。

▲哈尔滨工业大学：梁　晗

旧城新"院"——集体记忆下的健康社区养老模式与空间解析

Renovation of the enterprise DANWEI courtyard　Healthy community pension model and spatial analysis from the collective memory

养老运营模式

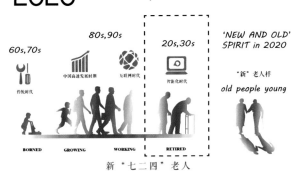

—— 基 于 空 间 与 行 为 交 互 的 混 龄 养 老 社 区 设 计

联合国报告指出，老龄化已是无可逆转的世界大趋势，今后的20年，银发族将改写全球经济版图。

我们一直对老年人抱有刻板的印象，认为基因与能力随着身体的老化也随之衰残。事实上，虽然老人的智力随年龄增加而衰退、减慢，但品质智力，即通过经验和学习获得的文化智力，是随着年龄的增长而不断积累的。

新时代老工人，生于二十世纪六七十年代的传统时代，成长于中国的高速发展时期，工作于互联网时代，并即将退休于2020~2030的智能化时代。

不能对他们的老龄化抱有刻板印象，而是应该积极主动地为新型退养老社区营造更年轻的氛围、更开放的空间、更共享的生活。

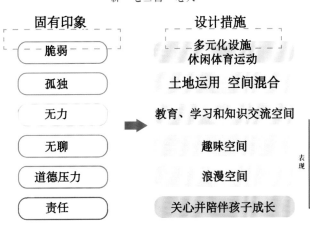

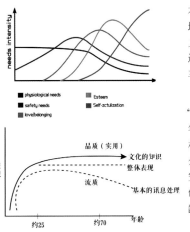

生命历程流质与晶质的发展曲线

本方案旨在新时代背景下延续七二四地区集体主义文化精神，即"共享主义"的空间实践。将原七二四地区爱达老年公寓及周边场地改造为综合共享的混龄社区。

"享龄计划"倡导新时代青年人和老年人的精神文化交流，互助互惠，互相学习。设计创意工坊，设计联合办公、展厅展廊、护工培训学校等共享空间。为健康老龄化，活跃老龄化，创意老龄化，成功老龄化，生产力老龄化等提出更多可能。

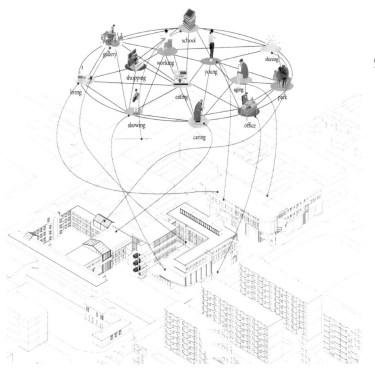

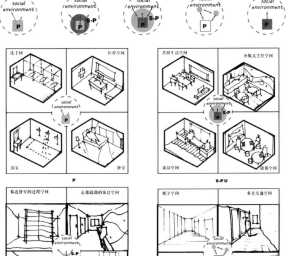

▲沈阳建筑大学：迟　铭、薛佳桐

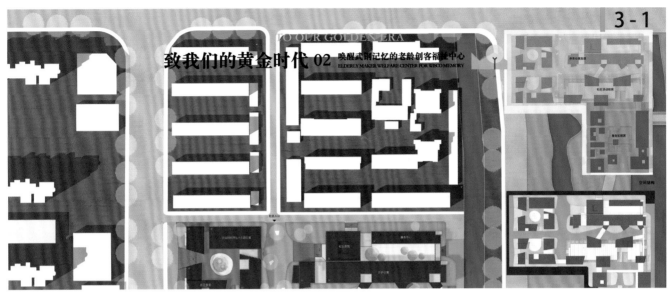

致我们的黄金时代 02 唤醒武钢记忆的老龄创客福祉中心
TO OUR GOLDEN ERA
ELDERLY MAKER WELFARE CENTER FOR WISCO MEMORY

3-1

▲沈阳建筑大学：迟　铭、薛佳桐

老年人一生经历了儿童、少年、青年、中年再到老年的不同时期，其中有40~50年都可以掌控自己的生活和身体，但老年后进入养老院这一切都变了，生活似乎脱离了掌控。养老院实际运营中有大量由于建筑空间、经济条件、政策规范、管理难点以及人手不足而导致无法满足老年人的要求，包括进入养老院面对转变却想要保持原有生活方式和延续以往社会关系的要求。这其中我们通过设计所能做的，就是极力在两者之间寻求一个平衡，在有限的人力、物力条件下，为老年人提供新的正常生活

After entering the nursing home, everything changed and life seemed out of control. The elderly want to maintain the original lifestyle and continue the previous social relations.

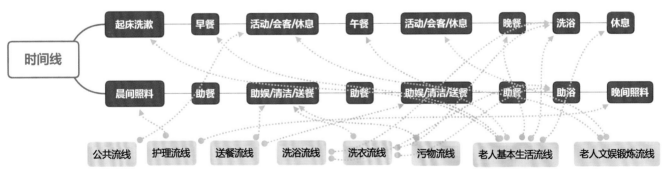

▲华中科技大学：姚雨朦、陈金妮

133

旧城新"院"——集体记忆下的健康社区养老模式与空间解析

Renovation of the enterprise DANWEI courtyard   Healthy community pension model and spatial analysis from the collective memory

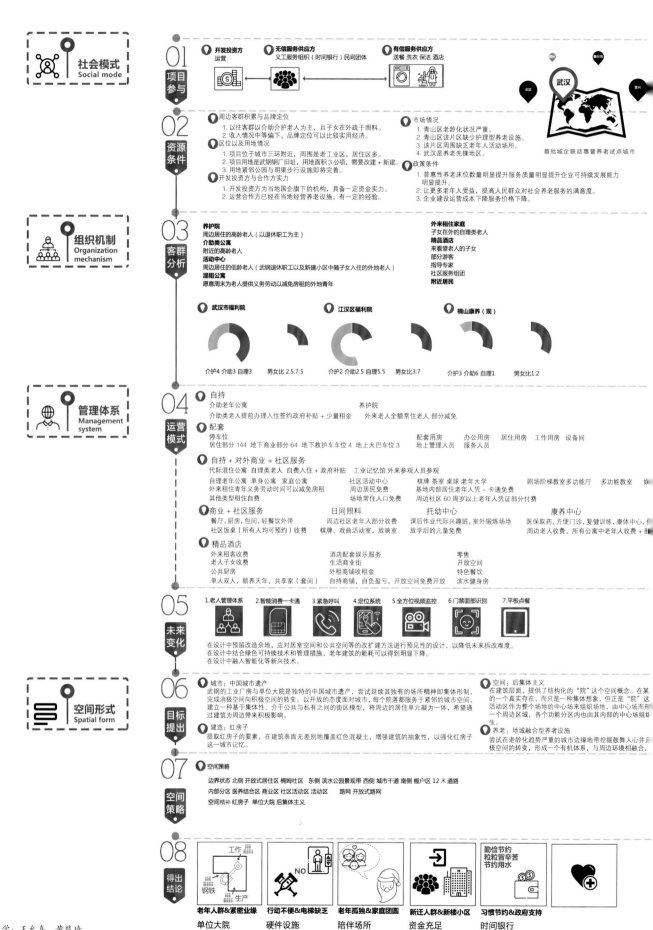

01 项目参与

社会模式 Social mode

● 开发投资方　运营
● 无偿服务供应方　义工服务组织（时间银行）民间团体
● 有偿服务供应方　送餐 洗衣 保洁 酒店

武汉

首批城企联动惠普养老试点城市

02 资源条件

● 周边客群积累与品牌定位
　1. 以往客群以介助介护老人为主，且子女在外疏于照料。
　2. 收入情况中等偏下，品牌定位可以比较实用经济。
● 区位以及用地情况
　1. 项目位于城市三环附近，周围是老工业区，居住区多。
　2. 项目用地为武钢钢厂旧址。用地面积3公顷，需要改建＋新建。
　3. 用地紧邻公园与销渠步设施即将完善。
● 开发投资方与合作方实力
　1. 开发投资方为当地国企旗下的机构，具备一定资金实力。
　2. 运营合作方已经在当地经营养老设施，有一定的经验。

● 市场情况
　1. 青山区老龄化状况严重。
　2. 青山区该片区缺少护理型养老设施。
　3. 该片区周围缺乏老年人活动场所。
　4. 武汉是养老先锋地区。
● 政策条件
　1. 普惠性养老床位数量明显提升服务质量明显提升企业可持续发展能力明显提升。
　2. 让更多老年人受益，提高人民群众对社会养老服务的满意度。
　3. 企业建设运营成本下降服务价格下降。

03 客群分析

组织机制 Organization mechanism

养护院
周边居住的高龄老人（以退休职工为主）
介助类公寓
附近的高龄老人
活动中心
周边居住的低龄老人（武钢退休职工以及新建小区中随子女入住的外地老人）
混租公寓
愿意周末为老人提供义务劳动以减免房租的外地青年

外来租住家庭
子女在外的自理类老人
精品酒店
来看望老人的子女
部分游客
指导专家
社区服务组团
附近居民

武汉市福利院　介护4 介助3 自理3　男女比 2.5:7.5
江汉区福利院　介护2 介助2.5 自理5.5　男女比3:7
楠山康养（现）　介护3 介助6 自理1　男女比1:2

04 运营模式

管理体系 Management system

● 自持
　介助老年公寓　　　　　　　　　　　　养护院
　介助类老人提前办理入住签约政府补贴＋少量租金　　外来老人全额常住老人 部分减免
● 配套
　停车位　　　　　　　　　　　　　　　配套用房　办公用房　居住用房　工作用房　设备间
　居住部分144 地下商业部分64 地下教护车车位4 地上大巴车位3　　地上管理人员　服务人员
● 自持＋对外商业＋社区服务
　代际混住公寓 自理类老人 自费入住＋政府补贴　工业记忆馆 外来参观人员参观
　自理老年公寓 单身公寓 家庭公寓　　社区活动中心　　棋牌 茶室 桌球 老年大学　　剧场阶梯教室多功能厅　多功能教室
　外来租住青年义务劳动时间可以减免房租　周边居民免费　　基地内部居住老年人凭一卡通免费
　其他类型租住自费　　　　　　　　　　场地常住人口免费　　周边社区60岁以上老年人凭证部分付费
● 商业＋社区服务　　　　　　　　　　日间照料　　　　　　托幼中心　　　　　　　康养中心
　餐厅，厨房，包间，轻餐饮外带　　　周边社区老年人部分收费　课后作业代际兴趣班，室外锻炼场地　　医保取药，方便门诊，复健训练，康体中心
　社区饭桌（所有人均可预约）收费　　棋牌、戏曲活动室，放映室　　放学后的儿童免费　　　周边老人收费，所有公寓中老年人收费
● 精品酒店
　外来租客收费　　　　　　　　　　　酒店配套娱乐服务　　　　　零售
　老人子女收费　　　　　　　　　　　生活商业街　　　　　　　　开放空间
　公共厨房　　　　　　　　　　　　　外租商铺收租金　　　　　　特色餐饮
　单人双人，颐养天年，共享家（套间）　自持商铺，自负盈亏，开放空间免费开放　　滨水健身房

05 未来变化

1.老人管理体系 2.智能消费一卡通 3.紧急呼叫 4.定位系统 5.全方位视频监控 6.门禁面部识别 7.平板点餐

在设计中预留改造余地，应对居室空间和公共空间等的改扩建方法进行预见性的设计，以降低未来拆改难度。
在设计中结合绿色可持续技术和管理措施，老年建筑的能耗可以得到明显下降。
在设计中融入智能化等新兴技术。

06 目标提出

空间形式 Spatial form

● 城市：中国城市遗产
武钢的工业厂房与单位大院是独特的中国城市遗产，尝试延续其独有的场所精神即集体制，完成消极空间向积极空间的转变。在城市的态度面对城市，每个院落都服务于紧邻的城市空间，建立一种基于集体性、介于公共与私有之间的街区模型，将周边的居住单元凝为一体，希望通过建筑为周边带来积极影响。

● 建造：红房子
提取红房子的要素，在建筑表面无差别地覆盖红色混凝土，增强建筑的抽象性，以强化红房子这一城市记忆。

● 空间：集体主义
在建筑层面，提供了结构化的"院"这个空间概念。在某的一个真实存在，而只是一种集体想象，但正是"院"这活动区作为整个场地中来组织场地，由中心广场形一个周边区域，各个功能分区内也由其内部的中心场组织生。

● 养老：地域融合型养者设施
尝试在老龄化趋势严重的城市边缘地带挖掘鼓舞人心并且极空间的转变，形成一个有机体系，与周边环境相融合。

07 空间策略

● 空间策略
边界状态 北侧 开放式居住区 楠姆社区 东侧 滨水公园景观带 西侧 城市干道 南侧 棚户区 12 米 道路
内部分区 医养结合区 商业区 社区活动区 活动区　　路网 开放式路网
空间精神 红房子 单位大院 后集体主义

08 得出结论

工作　钢铁　生产
NO

勤俭节约 粒粒皆辛苦 节约用水

老年人群&紧密业缘
单位大院
集体形制

行动不便&电梯缺乏
硬件设施
软件辅助

老年孤独&家庭团圆
陪伴场所
结识伙伴

新迁人群&新楼小区
资金充足
丰富业余

习惯节约&政府支持
时间银行
虚拟货币

▲东北大学：王允嘉、黄楚琦

40% 介助
45% 介护
15% 自理

地域融合性养老设施
Regional Integrative Pension Facilities

总面积 50155.4㎡
养老面积 32265㎡

介助公寓
Aid apartment

社区服务
Community service

医院
Hospital

介护公寓
Nursing care

老年大学
University for the aged

混租公寓
Mixed rental apartment

精品酒店 商业
Boutique hotel

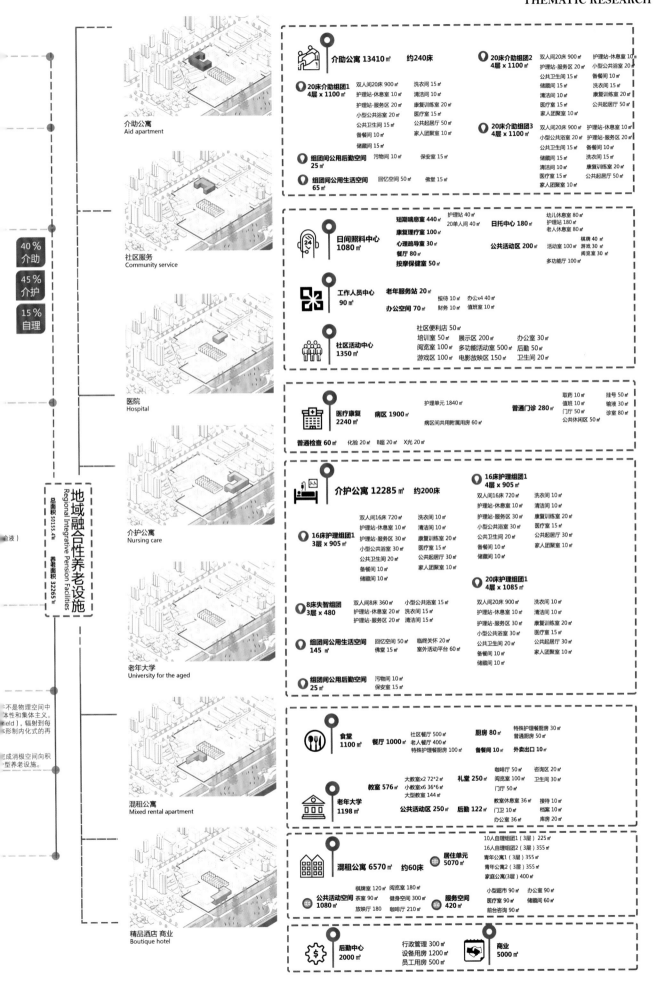

介助公寓 13410㎡　约240床

20床介助组团1 4层 x 1100㎡
双人间20床 900㎡　　洗衣间 15㎡
护理站-休息室 10㎡　清洁间 10㎡
护理站-服务区 20㎡　康复训练室 20㎡
小型公共浴室 20㎡　医疗室 15㎡
公共卫生间 15㎡　　公共起居厅 50㎡
备餐间 10㎡　　　　家人团聚室 10㎡
储藏间 15㎡

20床介助组团2 4层 x 1100㎡
护理站-休息室 10㎡
护理站-服务区 20㎡　小型公共浴室 20㎡
公共卫生间 15㎡　　备餐间 10㎡
储藏间 10㎡　　　　康复训练室 20㎡
清洁间 10㎡　　　　公共起居厅 50㎡
医疗室 15㎡
家人团聚室 10㎡

20床介助组团3 4层 x 1100㎡
双人间20床 900㎡　护理站-休息室 10㎡
小型公共浴室 20㎡　护理站-服务区 20㎡
公共卫生间 15㎡　　备餐间 10㎡
储藏间 10㎡　　　　洗衣间 15㎡
清洁间 10㎡　　　　康复训练室 20㎡
医疗室 15㎡　　　　公共起居厅 50㎡
家人团聚室 10㎡

组团间公用后勤空间 25㎡　污物间 10㎡　保安室 15㎡
组团间公用生活空间 65㎡　回忆空间 50㎡　佛堂 15㎡

日间照料中心 1080㎡
短期喘息室 440㎡　护理站 40㎡　日托中心 180㎡　幼儿休息室 80㎡
20单人间 40㎡　　　　　　　　护理站 180㎡　老人休息室 80㎡
康复理疗室 100㎡
心理疏导室 30㎡　公共活动区 200㎡　棋牌室 40㎡　活动室 100㎡　游戏室 30㎡
餐厅 80㎡　　　　　　　　　　　阅览室 30㎡
按摩保健室 50㎡　　　　　　　多功能厅 100㎡

工作人员中心 90㎡　老年服务站 20㎡
办公空间 70㎡　　　接待 10㎡　办公x4 40㎡
　　　　　　　　　财务 10㎡　值班室 10㎡

社区活动中心 1350㎡
社区便利店 50㎡
培训室 100㎡　展示区 200㎡　办公室 30㎡
阅览室 100㎡　多功能活动室 500㎡　后勤 50㎡
游戏室 100㎡　电影放映区 150㎡　卫生间 20㎡

医疗康复 2240㎡
病区 1900㎡　护理单元 1840㎡　　　　取号 10㎡　挂号 50㎡
　　　　　　　　　　　　　　普通门诊 280㎡　值班间 10㎡　输液 30㎡
　　　　　病区间共用附属用房 60㎡　　　　门厅 50㎡　诊室 80㎡
　　　　　　　　　　　　　　　　　　公共休闲区 50㎡
普通检查 60㎡　化验 20㎡　B超 20㎡　X光 20㎡

介护公寓 12285㎡　约200床

16床护理组团1 4层 x 905㎡
双人间16床 720㎡　洗衣间 10㎡
护理站-休息室 10㎡　清洁间 10㎡
护理站-服务区 30㎡　康复训练室 20㎡
小型公共浴室 30㎡　医疗室 15㎡
公共卫生间 20㎡　　公共起居厅 30㎡
备餐间 10㎡　　　　家人团聚室 10㎡
储藏间 10㎡

16床护理组团1 3层 x 905㎡
双人间16床 720㎡　洗衣间 10㎡
护理站-休息室 10㎡　清洁间 10㎡
护理站-服务区 30㎡　康复训练室 20㎡
小型公共浴室 30㎡　医疗室 15㎡
公共卫生间 20㎡　　公共起居厅 30㎡
备餐间 10㎡　　　　家人团聚室 10㎡
储藏间 10㎡

8床失智组团 3层 x 480　双人间8床 360㎡　小型公共浴室 15㎡
护理站-休息室 20㎡　洗衣间 15㎡
护理站-服务区 30㎡　清洁间 15㎡

20床护理组团1 4层 x 1085㎡
双人间20床 900㎡　洗衣间 10㎡
护理站-休息室 10㎡　清洁间 10㎡
护理站-服务区 30㎡　康复训练室 20㎡
小型公共浴室 30㎡　医疗室 15㎡
公共卫生间 20㎡　　公共起居厅 30㎡
备餐间 10㎡　　　　家人团聚室 10㎡
储藏间 10㎡

组团间公用生活空间 145㎡　回忆空间 50㎡　临终关怀 20㎡
佛堂 15㎡　室外活动平台 60㎡

组团间公用后勤空间 25㎡　污物间 10㎡　保安室 15㎡

食堂 1100㎡
餐厅 1000㎡　社区餐厅 500㎡　厨房 80㎡　特殊护理餐厨房 30㎡
　　　　　　老人餐厅 400㎡　　　　　　普通厨房 50㎡
　　　　　　特殊护理餐厨房 100㎡　备餐间 10㎡　外卖出口 10㎡

老年大学 1198㎡
教室 576㎡　大教室x2 72*2　礼堂 250㎡　咖啡厅 50㎡　咨询区 20㎡
　　　　　　小教室x6 36*6　　　　　　阅览室 100㎡　卫生间 30㎡
　　　　　　大型教室 144㎡　　　　　　门厅 50㎡
公共活动区 250㎡　后勤 122㎡　教室休息室 36㎡　接待 10㎡
　　　　　　　　　　　　　　门卫 10㎡　档案 10㎡
　　　　　　　　　　　　　　办公室 36㎡　库房 20㎡

混租公寓 6570㎡　约60床
居住单元 5070㎡　10人自理组团1（3层）225㎡
16人自理组团（3层）355㎡
青年公寓1（3层）355㎡
青年公寓2（3层）355㎡
家庭公寓(3层)400㎡

公共活动空间 1080㎡　棋牌室 120㎡　阅览室 180㎡　小型超市 90㎡　办公室 90㎡
茶室 90㎡　服务空间 420㎡　医疗室 90㎡　储藏间 60㎡
放映厅 180　健身房 300㎡　前台咨询 90㎡
咖啡厅 210㎡

后勤中心 2000㎡　行政管理 300㎡　**商业 5000㎡**
设备用房 1200㎡
员工用房 500㎡

5 | 获奖作品

- 最高人气奖
- 优秀设计奖

旧城新"院"——集体记忆下的健康社区养老模式与空间解析

Renovation of the enterprise DANWEI courtyard　Healthy community pension model and spatial analysis from the collective memory

5.1　最高人气奖

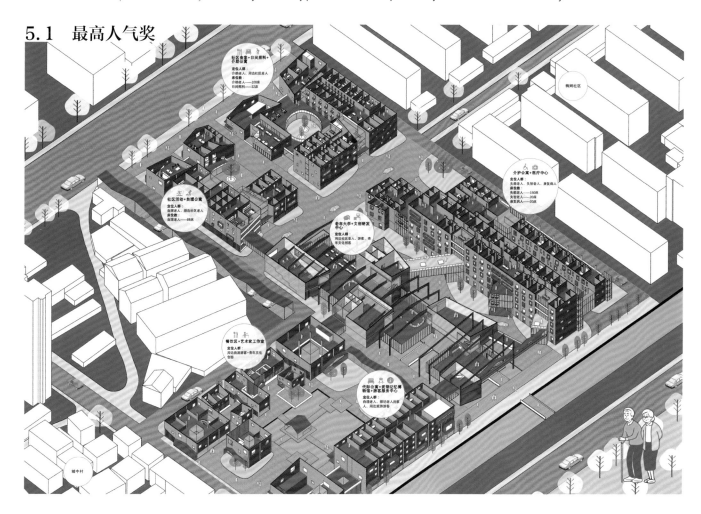

致我们的黄金时代

——唤醒武钢记忆的老龄创客综合福祉服务中心

获得奖项	最高人气奖第一名、优秀设计奖
作者姓名	张懿文、周凯喻
学校名称	西安建筑科技大学
主要技术指标	场地总用地面积：30000 平方米；总建筑面积：37345 平方米（其中，老人公寓 27885 平方米，社区配套 5413 平方米，商业配套 4047 平方米）；容积率：1.5；建筑密度：34.7%；停车位：326 个（其中地上停车位 41 个，地下停车位 285 个）。
设计说明	项目基地位于武汉市青山区楠姆社区，其前身是武钢生产配套用房，它见证了武钢黄金时代的发展，曾经的武钢人也在此留下了辉煌的记忆，然而目前基地内运营的养老机构亟待转型。我们想要探索一种新的养老模式，将武钢文创与养老产业结合，重新唤起基地的场所记忆，让与武钢文化相关的老人与年轻人重新在此聚集，传承知识、经验与技艺，形成集社区养老综合体、老人公寓、代际公寓、社区活动、文创中心与商业服务为一体的社区老龄创客综合福祉服务中心，希望各个年龄段的人都能在这里找到自己的黄金时代。在后续方案深化阶段，我们重点设计了社区养老综合体和介护公寓两部分，希望能够为武钢老厂区向社区综合福祉服务中心的转型提供一定的借鉴。
教师评语	张懿文、周凯喻同学，通过对规划基地的调研认知和综合分析，尝试做出与基地历史文脉、社区环境、场所精神相契合的新型城市社区老年综合福祉服务中心。设计主题为"致我们的黄金时代"，将武钢辉煌期的记忆重新融入场地，面对社区文化、老年产业所蕴含巨大的经济潜力，通过对部分原有建筑的更新改造，结合重新植入赋予具有活力的新功能建筑群，让传统养老与文创产业结合，不仅让老武钢人再度恢复辉煌记忆，也吸引各阶段的全龄人群在这里展现自己的创意。在基地中的各类养老服务设施建筑单体设计中，通过针对不同人群采取不同类型、不同规模和不同空间组合的组团形式，设计了集社区服务与介助、自理老人居住的社区养老综合体和面对介护、失智老人的医养结合的介护公寓，室内外空间环境适老化、精细化设计到位，为老年人提供了充满记忆和温度的地域融入型养老服务设施。（张倩、石英）

社区养老综合体轴测图

社区养老综合体西立面图

社区养老综合体南立面图

介助组团公共起居厅效果图

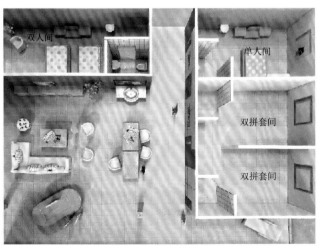

介助组团公共起居厅精细化设计

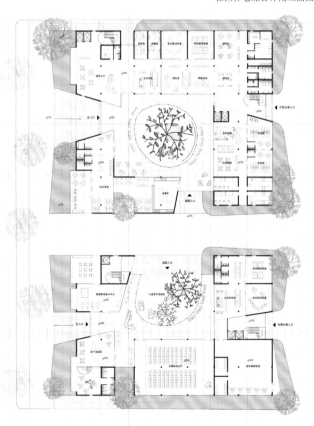

社区养老综合体首层平面图

旧城新"院"——集体记忆下的健康社区养老模式与空间解析

Renovation of the enterprise DANWEI courtyard   Healthy community pension model and spatial analysis from the collective memory

介护公寓改造轴测爆炸图

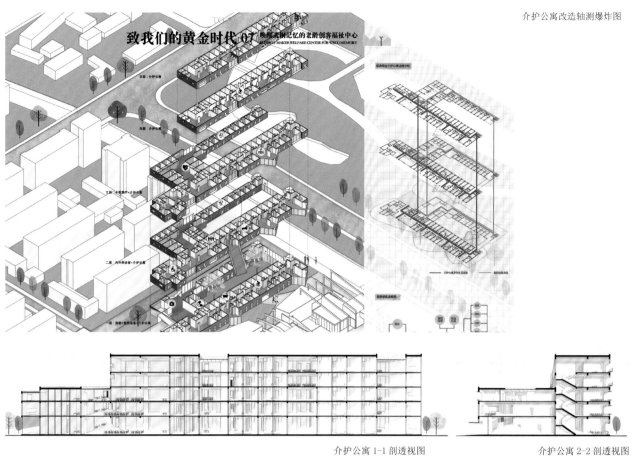

介护公寓 1-1 剖透视图

介护公寓 2-2 剖透视图

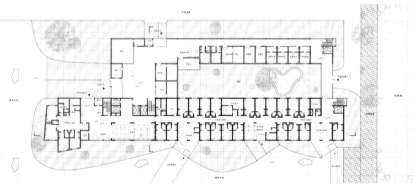

介护公寓首层平面图

介护公寓室外渲染图

模型照片 1

模型照片 2

模型照片 3

新工业记忆
——武汉市青山区楠姆社区老年综合福祉中心设计

获得奖项　　　最高人气奖第二名、优秀设计奖

作者姓名　　　吴同欢、李劼威

学校名称　　　大连理工大学

主要技术指标　总建筑面积：42220.7 平方米；绿化率：36.68%；床位个数：352 床。

设计说明　　　在高速老龄化的时代背景下，我们思考未来数十年的养老空间将会如何变化；在红钢城没落的文化背景下，我们思考
　　　　　　　过去数十年的文化记忆将会如何存续；我们一直在思考，并尝试借此重新定义一个养老社区——在这个社区里，任何
　　　　　　　人都可以是养老服务的受益者和参与者；在这个社区里，任何人都可以找到过去属于自己的武钢记忆，同时也成为整
　　　　　　　个武钢记忆最宝贵的一部分。

教师评语　　　作为一个设计师，对于每一个不同种类的建筑设计，都应该具有相应的责任感，这是建筑教育最重要的一个目的。在
　　　　　　　整个毕业设计的过程中，我很高兴能够在两位同学的身上看到这种责任感——调研阶段时提出的未来我国养老形势和
　　　　　　　过去场地文脉的留存问题，方案初期总结的青山区养老产业的三个矛盾和机遇，以及最后"新工业记忆"的设计成果，
　　　　　　　他们的每一步都表现出对青山区老年人生活切实的关注和关怀。
　　　　　　　尽管在有限的三个月内，他们的设计还有许多不够成熟的地方，但是在这个过程中展现出的社会责任感，某种程度上
　　　　　　　比一个毕业设计更具有价值，也更具有说服力。

旧城新"院"——集体记忆下的健康社区养老模式与空间解析

Renovation of the enterprise DANWEI courtyard　Healthy community pension model and spatial analysis from the collective memory

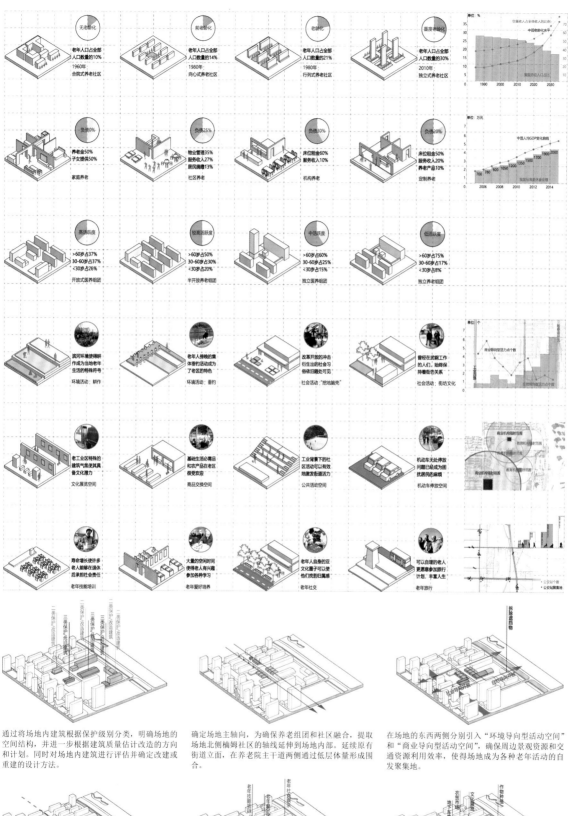

通过将场地内建筑根据保护级别分类，明确场地的空间结构，并进一步根据建筑质量估计改造的方向和计划。同时对场地内建筑进行评估并确定改建或重建的设计方法。

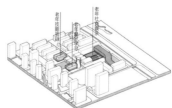

确定场地主轴向，为确保养老组团和社区融合，提取场地北侧楠姆社区的轴线延伸到场地内部。延续原有街道立面，在养老院主干道两侧通过低层体量形成围合。

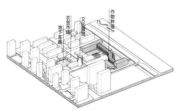

在场地的东西两侧分别引入"环境导向型活动空间"和"商业导向型活动空间"，确保周边景观资源和交通资源利用效率，使得场地成为各种老年活动的自发聚集地。

在东西场地的交界处和主轴线的尽端设置核心节点，利用场地原有的工业文化和工业装置，确立场地中的制高点，同时形成南北向行为轴和东西向景观轴两条流线。

在场地中引入多年龄段的社区养老服务，确定场地东侧的开放养老社区和场地西侧的独立养老社区结构。同时设置老年技能培训中心和老年大学，吸引老年消费者。

将周边缺乏的公共设施引入，进一步增加开放式养老社区的功能复杂性和年龄层次，形成养老服务＋社会服务＋公共服务＋商品交易的多层次收入模式。

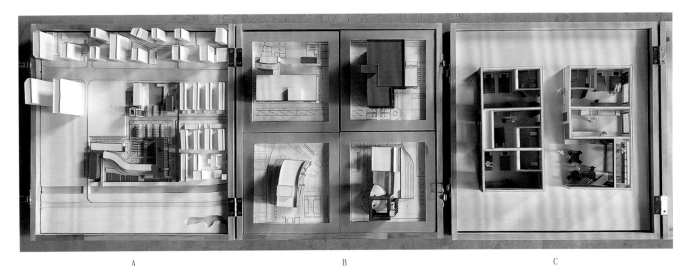

A　　　　　　　　　B　　　　　　　　　C

D

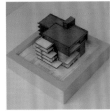 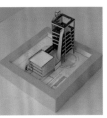 

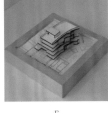 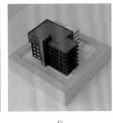  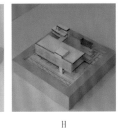

E　　　　　　F　　　　　　G　　　　　　H

我们，终将成为他们

"我们现在虽然年轻，但是我们也终将老去，而我们设计师为当下的老年群体所作的一切努力，最终都将回馈为自身的福祉。"

接触养老产业和相关的建筑设计对我来说并不算是意外。我们这一代人尽管还年轻，但是已经渐渐地感受到养老的压力——祖父祖母已经进入垂暮，而我们的父母也在逐渐老去，人口老龄化产生的诸多影响已逐渐在家庭的微观层面上影响着我们的生活，迫使我们不得不从二十岁就开始直面养老问题。

在整个毕业设计的过程中，"眼见不一定为实"是我最大的感悟，当我们和家人讨论高端医疗养老社区一年几万元服务费的时候，还没有认识到我国大部分退休老人只能用2000元左右的基础退休金维持自己的老年生活。事实上，在武汉市青山区楠姆社区，这样的真实第一次毫无遮掩地暴露在我面前：老工业区的颓败街、大量的下岗和退休职工，极度匮乏的公共设施，这一切使我们对养老建筑的概念瞬间土崩瓦解，并认真思考是否要将原本的想法推倒重来——在当下的中国养老服务中，真正需要解决的问题被长时间忽略了，而我们必须要为此创造一个新的东西，一个真正解决最广大人民需求的设计。

我们尝试着摆脱现有养老建筑的束缚，尝试着将养老服务的概念扩大并吸引更多的人参与进来。我们必须要直面现实，相同老龄化水平下，我国的人均GDP和社会保障体系根本不足以承受发达国家的高端养老模式。我们试着构建一种开放式的养老社区，让不同年龄的老年群体享受和参与到养老活动中来，成为一体化的生产者和消费者。我试着结合青山区的武钢文化，发展特色的养老服务和养老文化，并将这些特色产业带来的副产品转化为养老服务的维护费用，从而形成自给自治的养老社区……这些想法逐渐细化，最终形成了这样一个"新工业社区"的养老社区体系。

这是一次很有意义的体验和尝试，我们的视角在这三个月逐渐发生了变化。以一个建筑师的身份开始这个毕业设计，但是到最后，我却似乎变成了一个社会运动的发起人，一个运营策略的制定者，一个城市设计师，而建筑师的身份反而变得不那么重要了。事实上，选择了养老设计作为毕业设计的题目，是出于对自身供养者身份的担忧，但是在整个设计过程的推进中，我们却发现将供养者解放的一切尝试，最后都落到了提高被供养者的生活质量和优化整个社会的养老运营上来，落到了一个设计师，甚至是超越了一个设计师身份的社会责任上来。

"我们，终将成为他们。"这句话的原型是我初中时期的看过的一篇满分作文，那篇文章的内容是关于贫困山区的教育，而"他们，终将成为我们"是那篇文章的最后一句话，作者认为，伴随着对基础教育的重视，消除贫困将成为必然趋势。而我们今天用了这段文字，同样是想表现出这种必然的趋势和状态——我们现在虽然年轻，但是我们也终将老去，而我们设计师为当下的老年群体所作的一切努力，最终都将回馈为自身的福祉。

模型照片
A. 整体模型 1：1000
B. 局部建筑模型 1：300
C. 介护公寓组团模型 1：50
D. 组团模型细节
E. 自理老人公寓选段
F. 介护公寓选段
G. 日间照料中心及剧场选段
H. 活动楼及公共中庭选段

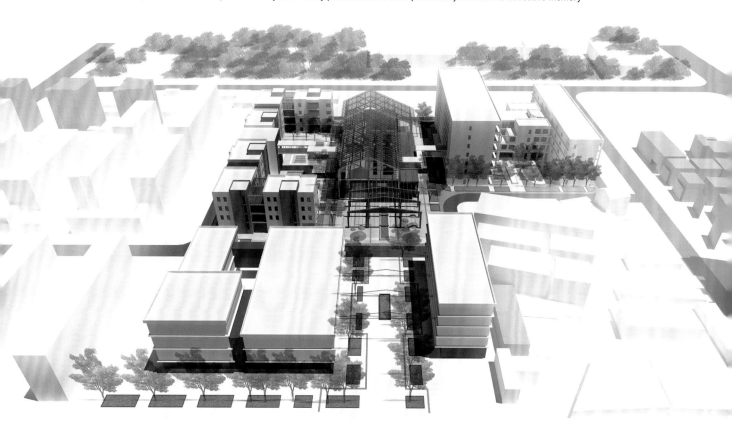

芸　集

——新旧之间：老城区社区中的颐老"院儿" | 综合福祉服务中心

获得奖项	最高人气奖第三名、优秀设计奖
作者姓名	王逍、宋雅楠、刘大豪
学校名称	重庆大学
主要技术指标	总建筑面积，包括地上计容部分 40152.00 平方米和地下非计容部分 12126.00 平方米； 容积率：1.35；建筑密度：36.25%；绿地率：34.93%；养老设施总床位：共计 420 床
设计说明	本方案为基于旧建筑改造的老城区养老综合福祉中心设计，设计基于前期场地调研与适老建筑专题研究，提取出混龄社区（芸）、公共交流（集）与草木丰茂的绿色生态的核心概念，并从宏观到微观进行全方位概念落实与设计实践。 设计首先从历史文脉、场地现状等多方考虑，确定以老厂房为核心，东西走向景观轴线为引导，形成与武汉传统"红房子"建筑形式类似的半围合式空间格局。其次，设计者进行了公共空间、居住护管、安全管理和无障碍等四大系统性设计，提供丰富的老年人公共活动场地。最后，设计通过生态与工业景观环境设计，打造适宜微气候的户外活动空间，并通过适老精细化设计，提升空间的舒适性。
教师评语	随着产业转型升级和城市版图扩张，原本城市边缘的工业基地正板块化地被"蚕食"，对这类工业遗存的态度已引起各方大讨论。在价值评估基础上，对于是否值得保留、以何种方式再利用、如何平衡各方利益等问题的回答变得日益重要。该设计在对特色工业建筑保留的基础上，通过设计操作，将新旧两种状态进行有机混合——以新功能的植入引发新的生活方式，使其成为连接老厂区与周边居住区的纽带，以新环境的介入激发新的行为方式，使其成为工业景观及自然景观的桥梁。设计提倡适度混龄，通过空间开合和行为分层的方式激发场所精神，为所在社区提供生活便利、医疗服务、公共空间和景观系统，期待引发地域性的情感共鸣，最后通过精细化的适老设计回应老年人的关切。

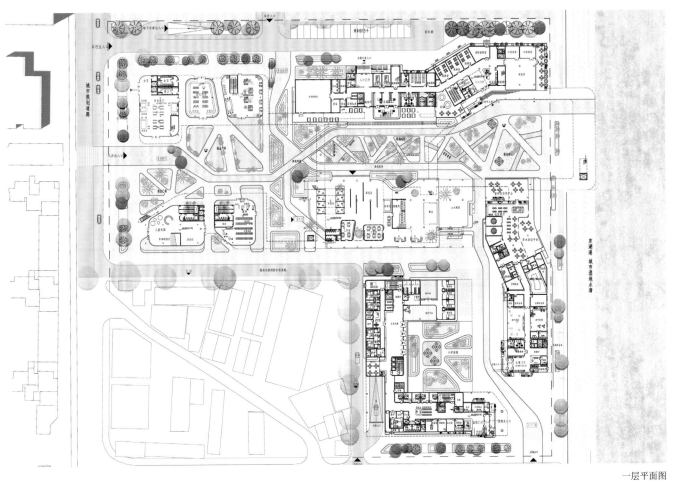

一层平面图

自然景观与厂房构架融合

生成景观格局

景观空间节奏

慢行系统骨架

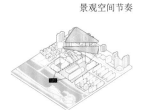

呼应建筑元素

利用废弃厂房

拆除原有呆板墙体

设置工业装置，复兴城市记忆

柔化建筑与环境边界

得到艺术集市空间

145

旧城新"院"——集体记忆下的健康社区养老模式与空间解析

Renovation of the enterprise DANWEI courtyard   Healthy community pension model and spatial analysis from the collective memory

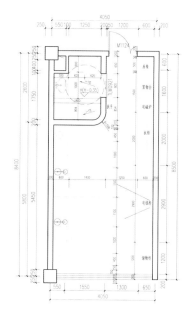

公共活动空间透视图

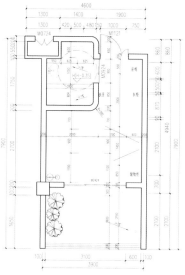

自理双人间套型透视图

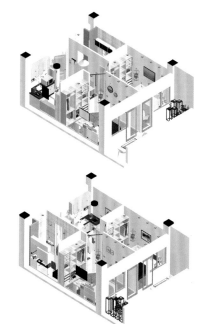

入户空间透视图

武汉市武钢厂区旧址老年社区改造

获得奖项 最高人气奖第三名、优秀设计奖

作者姓名 陈殷、吴家璐、林莹珊

学校名称 哈尔滨工业大学

主要技术指标 基地面积：30785 平方米；总建筑面积：49420 平方米；占地面积：10124 平方米；
容积率：1.6；建筑密度：32%；绿地率：35%；建筑高度：2～6 层

设计说明 基地位于湖北武汉青山区，园区内部现存有原计控公司生产大院旧址，且存有正在运行的老年公寓一期。整体定位为普惠型养老社区机构。
设计保留园区内部多栋质量良好及风貌突出的建筑进行老年社区改造，创造出一个能让老年人充分"观察和活动"的社区客厅。同时，根据对国内养老机构的管理特点的研究，在保证养老园区安全性的基础上，改变机构养老过于封闭的格局，构建园区内外不同人群之间的桥梁与客厅，提升整个老年综合社区的活力。

教师评语 设计充分考虑到了与周边环境的关系，帮助老年人与社区进行一定的联系，却又进行有必要的隔离，对养老院的运营方式也有很好的考虑。对于养老精细化设计有比较深入的研究。对园区内部的旧建筑进行充分改造保留，不足之处在于改造方式有一定的欠缺，希望能够进行更充分和落地性更强的考虑。

旧城新"院"——集体记忆下的健康社区养老模式与空间解析

Renovation of the enterprise DANWEI courtyard   Healthy community pension model and spatial analysis from the collective memory

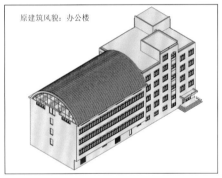

原建筑风貌：办公楼

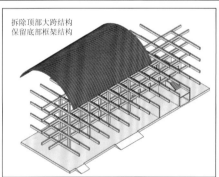

拆除顶部大跨结构
保留底部框架结构

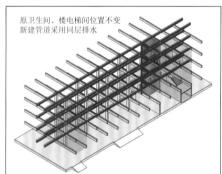

原卫生间、楼电梯间位置不变
新建管道采用同层排水

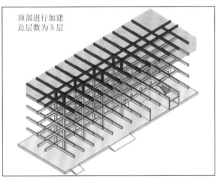

顶部进行加建
总层数为5层

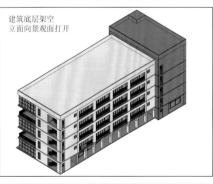

建筑底层架空
立面向景观面打开

原建筑风貌：实验楼

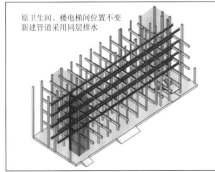

原卫生间、楼电梯间位置不变
新建管道采用同层排水

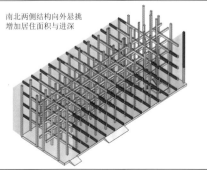

南北两侧结构向外悬挑
增加居住面积与进深

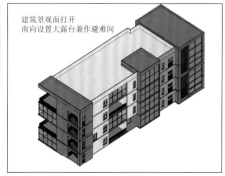

建筑景观面打开
南向设置大露台兼作避难间

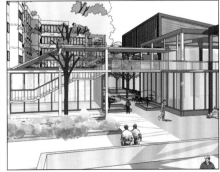

旧城新"院"——集体记忆下的健康社区养老模式与空间解析

Renovation of the enterprise DANWEI courtyard　Healthy community pension model and spatial analysis from the collective memory

5.2　优秀设计奖

树的记忆
——武汉青山区老年综合福祉福利设计

获得奖项　　　优秀设计奖

作者姓名　　　侯天艳

学校名称　　　北京建筑大学

主要技术指标　商业配套：1800 平方米；医疗康复：2400 平方米；自理老年公寓：4566 平方米，95 户，110 床；
　　　　　　　新建老年养护院：7900 平方米，130 间，150 床；改造养护院：6336 平方米，115 间，230 床；
　　　　　　　社区日间照料中心：650 平方米，幼儿园：2200 平方米；办公管理：1500 平方米；
　　　　　　　公共活动区域：4500 平方米；容积率：1.5；绿化率：34.7%；
　　　　　　　停车位：地上 55 辆，地下 245 辆。

设计说明　　　基地位于武汉市青山区，周边社区缺少公共活动区域，场地内部现存树木状态极佳。这些树木，于场地而言，是过往
　　　　　　　的记忆；于武钢老人而言，是年轻时的记忆；于未来的使用者们而言，是曾经美好时光的记忆。
　　　　　　　保留场地内原有的树木，根据场地内部树木的现状，设计了三个庭院，分别是周边开放式庭院、活动养护复合庭院以
　　　　　　　及养护半围合庭院。建筑围绕"院儿"进行布局。三个庭院之间即相互独立，又有一些空间上的连续性及视线上的对视。

教师评语　　　选题来自 2019 大健康联合毕业设计，呼应社会现实与国民关切的重要发展问题。
　　　　　　　该方案综合多种因素，全面考虑社区服务、医疗康复与养老设施空间的组织，保留场地内的大树，形成独立又连接的
　　　　　　　主题性院落空间。方案分别在场地布置、交通组织、建筑单体、护理单元居室等方面，有针对性地营造了介助、介护、
　　　　　　　自理老人的生活空间。幼儿园与养老设施教研不够深入。
　　　　　　　该方案总体上完整深入平实，可实践性强。

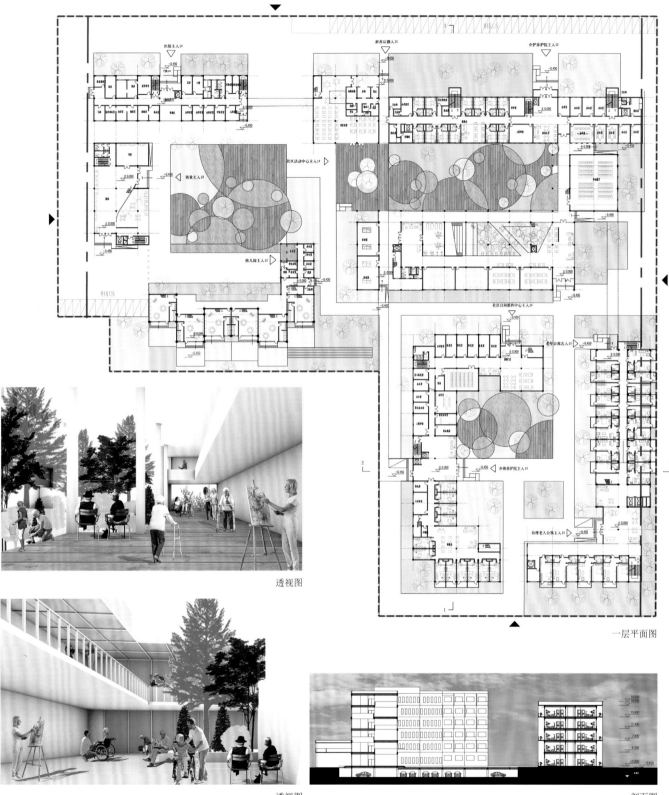

透视图

透视图

一层平面图

剖面图

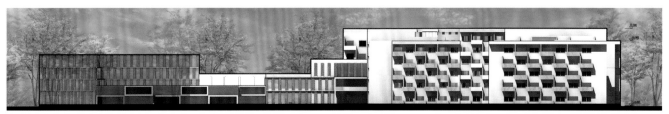

南立面图

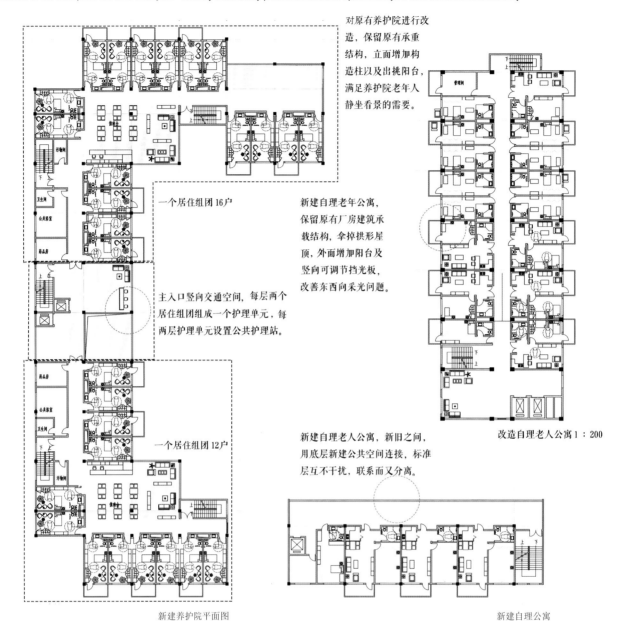

对原有养护院进行改造，保留原有承重结构，立面增加构造柱以及出挑阳台，满足养护院老年人静坐看景的需要。

一个居住组团16户

主入口竖向交通空间，每层两个居住组团组成一个护理单元，每两层护理单元设置公共护理站。

一个居住组团12户

新建自理老年公寓，保留原有厂房建筑承载结构，拿掉拱形屋顶，外面增加阳台及竖向可调节挡光板，改善东西向采光问题。

改造自理老人公寓1：200

新建自理老人公寓，新旧之间，用底层新建公共空间连接，标准层互不干扰，联系而又分离。

新建养护院平面图　　　　　　　　　　　　　　　　新建自理公寓

虹之家

获得奖项	优秀设计奖

作者姓名	宋子琪、万 鑫

学校名称	哈尔滨工业大学

主要技术指标　基地面积：30785 平方米；总建筑面积：44420 平方米；床位数：480 床；容积率：1.47；
建筑密度：32%；绿地率：38%；建筑高度：2～6 层。

设计说明　本设计场地位于武汉市青山区，定位为社区养老服务设施与专业养老护理机构的结合。
设计概念来源于内街。随着老人年龄增长，他们对室内的依赖性会日渐加强，由于身体状态以及管理模式等因素的制约，
老人们到室外活动的机会逐渐减少，而增加社交机会也是适老化设计中很重要的一个理念。本设计在整个场地中贯穿
一条养老主题街区，结合不同类别的老年人分区提供疗愈、活动等不同的功能和空间模式。街区内分为 14 个功能主题，
还设置红房子回忆展览区等主题，力图创造一个有利于延缓衰老的时空隧道。

教师评语　同学们对这个设计的定位和任务书深化的逻辑十分清晰，从这里出发，提出了一个"内街"的概念，是个有趣的想法。
他们结合着对不同类型老年人的心理变化、行为方式和各方面需求的分析，对"内街"以及不同类型的老年居住单元
的空间特性和适老化设计提出了自己的畅想和思索。丰富的形式配合着功能的多样应运而生，可以看出，同学们将情
怀与落地性平衡得很好，但对于渐变颜色在老年建筑中应用的可行性，它适不适合，可以做进一步的研究。

旧城新"院"——集体记忆下的健康社区养老模式与空间解析

Renovation of the enterprise DANWEI courtyard   Healthy community pension model and spatial analysis from the collective memory

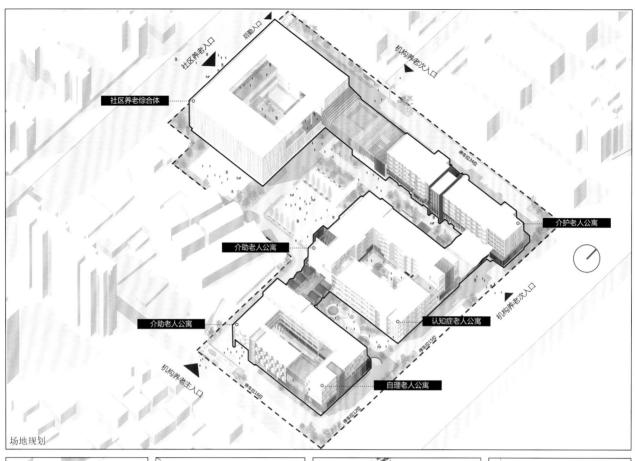

社区养老综合体
社区养老入口
后勤入口
机构养老次入口
停车位34辆
介护老人公寓
介助老人公寓
介助老人公寓
认知症老人公寓
机构养老次入口
停车位13辆
停车位16辆
停车位21辆
机构养老主入口
自理老人公寓

场地规划

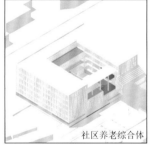

社区养老综合体

介助与自理老人公寓

介助与认知症老人公寓

介护老人公寓

	工作场所		家庭	
	少	活动时间	多	
	同事		亲友和邻居	
	广	社会交往	少	
生活类型 工作型	紧张		松弛、慢	生活类型 休息型
	快	生活节奏	慢	
	有目标		自由发挥	
	强	知识技能	弱	
	社会角色		自我角色	
	主	角色扮演	次	
	频繁		疏远	
	热	人际关系	冷	

老年人生环境变化模式

理想的老年建筑空间特点

空间类型	空间特点	目标功能
居住房间	安全 舒适	睡眠 如厕 洗浴
起居空间	温馨 交流	护理 起居 厨房 洗浴 洗衣 棋牌 用餐
交通空间	便利 丰富	社交空间 色彩刺激
公共空间	共享 社交	阅读 观影 音乐 用餐 保健 运动 手工

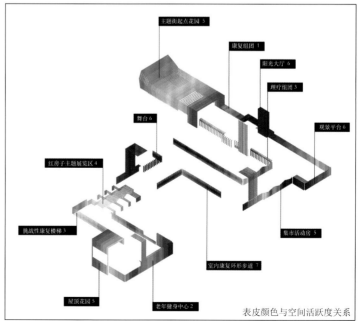

主题街起点花园 5
康复组团 1
阳光大厅 6
理疗组团 3
舞台 6
观景平台 6
红房子主题展览区 4
挑战性康复楼梯 3
集市活动房 5
室内康复环形步道 7
屋顶花园 5
老年健身中心 2

表皮颜色与空间活跃度关系

154

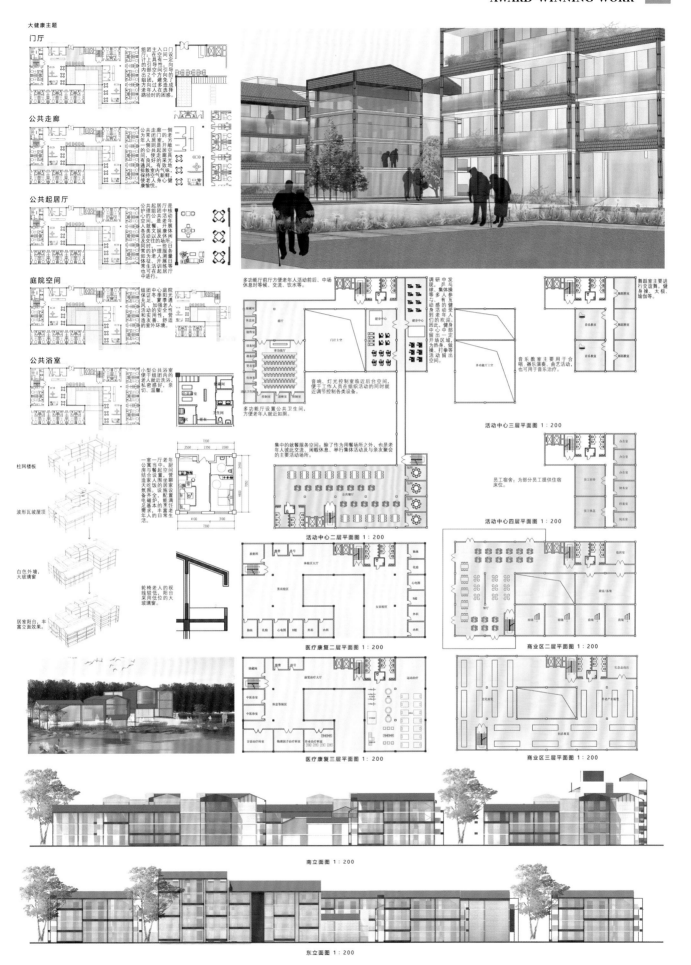

老城社区中的颐老"院儿"

——城市社区老年综合福祉服务中心

获得奖项　　　优秀设计奖

作者姓名　　　姚雨朦、陈金妮

学校名称　　　华中科技大学

主要技术指标　建筑面积：40714 平方米；容积率：1.4；用地面积：11961 平方米；
　　　　　　　建筑密度：40%；绿地率：41%。

设计说明　　　本次养老院的设计主要从调研中发现的问题出发，在设计中融合社区活动和养老院内部老人的活动，创造共同的美好
　　　　　　　生活环境。通过保留建筑或者附属厂房的方法来保留青山区特有的工业记忆，来铭记这一代老人曾经的生活。养老院
　　　　　　　空间组织试图解决在现有养老院中因护理人手不足带来的老人生活质量下降的问题，通过空间布置、流线和视线组织
　　　　　　　等方法来优化护理人员的工作流线，提高工作效率，以保证老人的生活质量。

教师评语　　　通过对三个养老机构及基地社区老年人生活状况的细微观察与归纳，突出老年人"生活场景"式的设计概念，基于
　　　　　　　场地主要的景观资源、功能、流线、景观及老年人的行为方式进行整合设计，在不同尺度的室内外环境设计呈现出
　　　　　　　连续、流畅、多元而细腻的效果，对于老年人群各种生活需求的特色空间设计别有新意，展现出一幅浓浓的社区老
　　　　　　　年人宜居的生活画卷。方案设计表现与概念一致，造型风格简洁明朗，但整体空间环境生动，步移景异，可塑性和
　　　　　　　可操作性强。

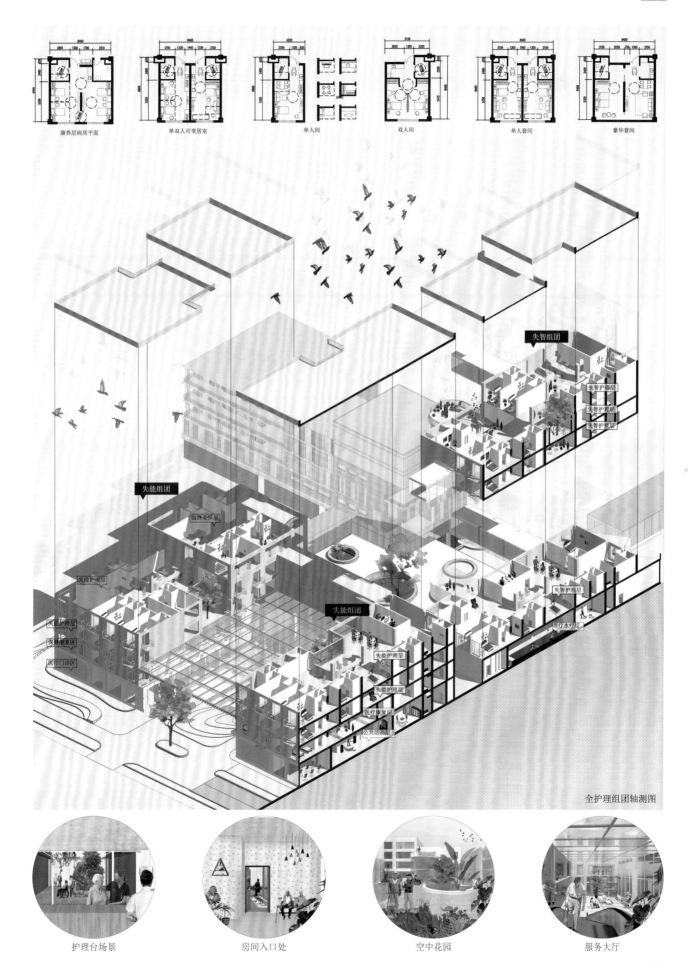

康养层病房平面　　单双人可变居室　　单人间　　双人间　　单人套间　　豪华套间

失智组团

失智护理层
失智护理层
失智护理层

失能组团

临终关怀层

失智护理层

失能护理层

理疗水疗层

失能护理层
保健康复区
医疗门诊区

失能组团

失能护理层

失能护理层
医疗康复层
公共活动层

全护理组团轴测图

护理台场景　　　房间入口处　　　空中花园　　　服务大厅

旧城新"院"——集体记忆下的健康社区养老模式与空间解析

Renovation of the enterprise DANWEI courtyard　Healthy community pension model and spatial analysis from the collective memory

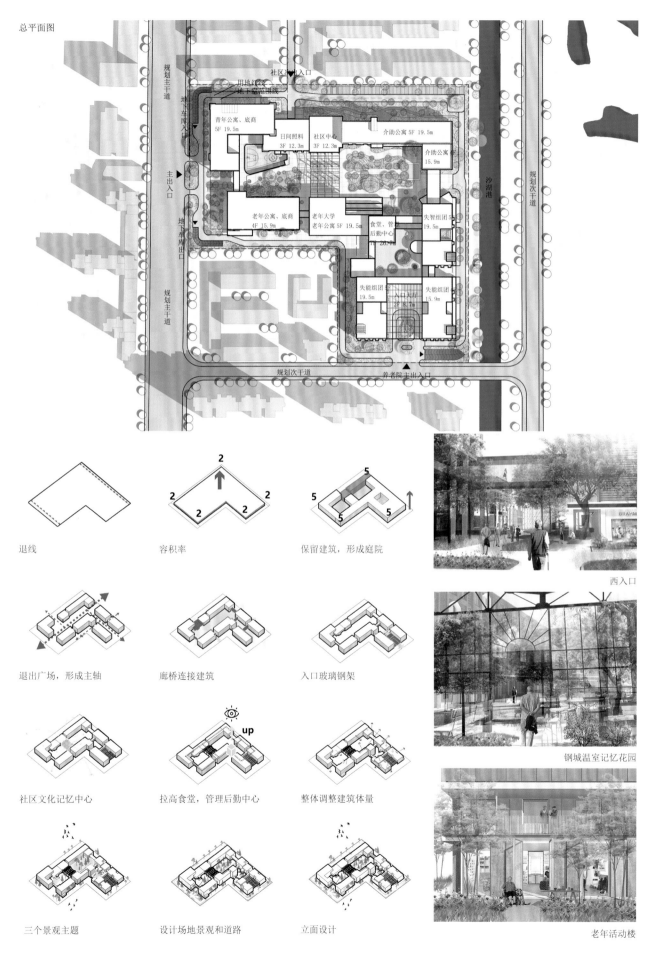

总平面图

退线

容积率

保留建筑，形成庭院

退出广场，形成主轴

廊桥连接建筑

入口玻璃钢架

社区文化记忆中心

拉高食堂，管理后勤中心

整体调整建筑体量

三个景观主题

设计场地景观和道路

立面设计

西入口

钢城温室记忆花园

老年活动楼

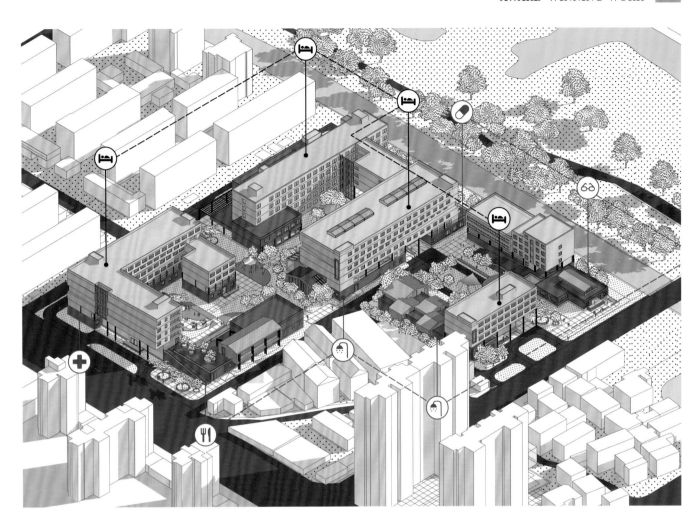

三味堂：食堂 澡堂 讲堂
——在这里，感受生活三味

获得奖项	优秀设计奖
作者姓名	吕洁蕊
学校名称	华中科技大学
主要技术指标	总建筑面积：地上 42524.3 平方米，地下 9100 平方米；容积率：1.45； 建筑密度：34.94%；绿地率：36.8%；停车位：地上 8 个，地下 280 个。
设计说明	本次设计基于基地周边老人具有的特色南北融合文化、单位大院生活经历以及特殊的文娱活动方式，拟建设一个定位精准、功能丰富的老年综合福祉服务中心。 设计提供以社区诊所、食堂、澡堂、礼堂和老年大学为主要公共服务功能的多种空间场所，服务范围辐射周边步行 15 分钟内的生活圈。设计希望以精准的需求定位、特色的集体活动空间和典型的建筑形式语言吸引周边老人进入、了解和使用空间，同时丰富、提升居家养老、社区养老和机构养老三类老人的生活品质。
教师评语	本方案一方面根据介助介护、失智老人、自理老人的特点和需求进行布局和空间组织，另一方面紧扣基地"属性"（单位大院）和入住老人的集体生活经历，创造性地提取当年单位大院集体生活的三种公共建筑原型——食堂、澡堂和礼堂（会堂），来组织颐老院的公共活动和空间。设计者在基地现状和社会调研中归纳发现了他们的生活诉求，以其熟悉的集体形制中典型的建筑形式和空间语言置入场地，将颐老院的一般功能性的公共空间赋予集体生活的记忆，除在生理上介护帮扶老人外，还承继了老人的精神生活，创造了新的颐养方式。

旧城新"院"——集体记忆下的健康社区养老模式与空间解析

Renovation of the enterprise DANWEI courtyard   Healthy community pension model and spatial analysis from the collective memory

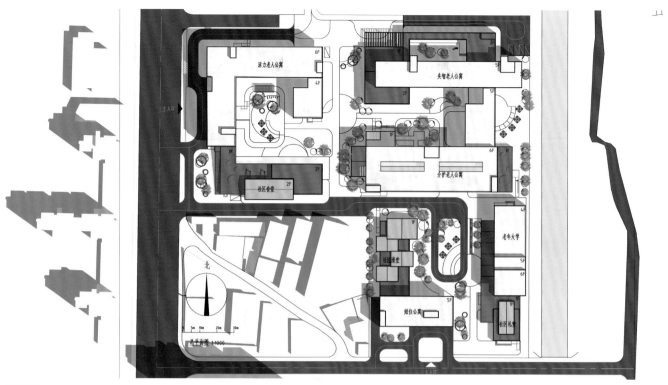

总平面图

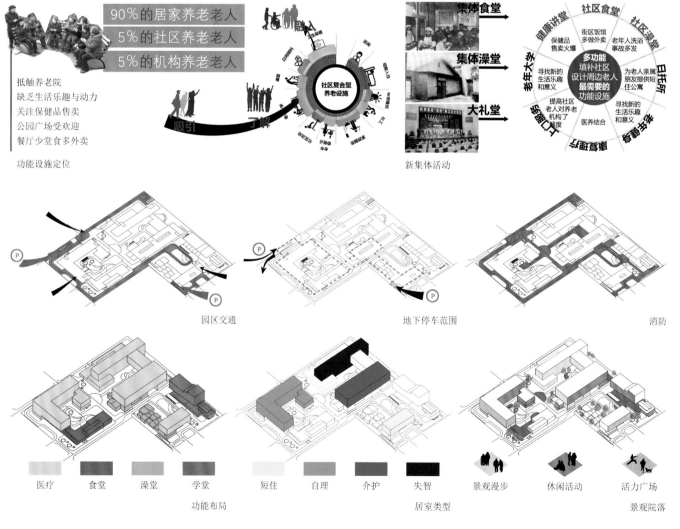

功能设施定位

新集体活动

园区交通   地下停车范围   消防

医疗	食堂	澡堂	学堂
短住	自理	介护	失智
景观漫步	休闲活动	活力广场

功能布局   居室类型   景观院落

90%的居家养老老人
5%的社区养老老人
5%的机构养老老人

抵触养老院
缺乏生活乐趣与动力
关注保健品售卖
公园广场受欢迎
餐厅少堂食多外卖

集体食堂
集体澡堂
大礼堂

社区复合型养老设施

多功能
填补社区设计周边老人最需要的功能设施

社区食堂
社区澡堂
日托所
养老公寓
居家养老
等部汇工
老年大学
健康讲堂

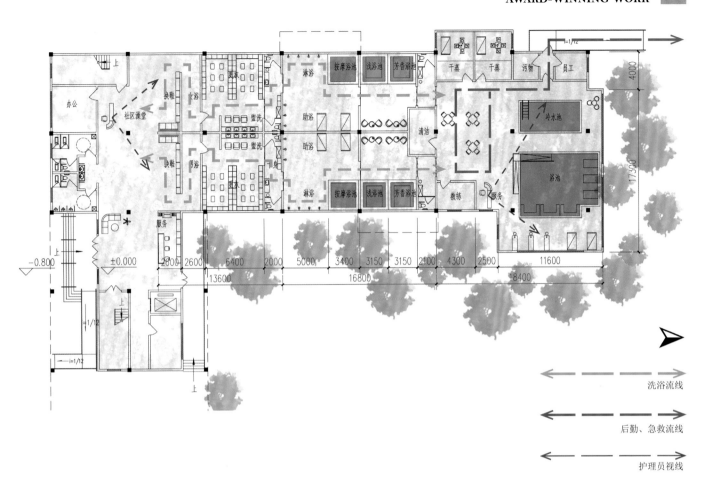

洗浴流线

后勤、急救流线

护理员视线

社区澡堂平面分析图

剖面图 1

剖面图 2

101 大院
——后集体主义时代的中国大院

获得奖项	优秀设计奖
作者姓名	王子恒、岐　麟
学校名称	西安建筑科技大学
主要技术指标	基地面积：3 公顷；总建筑面积：50155.4 平方米；建筑密度：42.4%；绿地率：43.2%；容积率：1.67；总床位数：490 床。
设计说明	基地位于武汉市青山区武汉钢铁厂旧址之上，周边居民为老武钢工人，当前老龄化十分严重。当年转炉中的火红钢花象征着武钢人奋发图强的火红岁月。只要集体生活仍然火热，生活的激情就不会冷却。武汉的红房子是生活的历史记忆，今天，变的是环境，不变的是记忆和希望。我们尝试将基地边缘与周边街坊融合，通过重塑空间，在院落中形成一种聚集性、地域融合型的城市社区老年综合福祉服务中心。通过改建和新建，将以前武钢人的空间记忆留存下来，在基地中形成三院一场的空间布局，分别为：兼具社区活动、介助老年组团、日间照料、幼儿照护、中医诊疗与短期服务的社区养老院，兼具社区医院与介护、失智老年居住组团的医养结合院，在基地中心包含有食堂与老年大学的中心场和在基地南侧容纳生活商业街、混居公寓、代际酒店等面向公众服务的生活商业院。
教师评语	王子恒和岐麟同学通过对武汉楠姆社区基地的充分调研与分析，理解大院的前身、红房子的记忆，通过建筑周边围合式的空间组织方式，创造出与基地文化契合、环境契合、场所精神契合的新型城市社区老年综合福祉服务中心建筑群。通过"三场一院"空间格局，充分反映出该基地环境所承载的时代记忆和工业气息的场所特质，群体空间功能分区明确、结构组织合理、交通流线清晰。建筑单体深化设计中，为介护、失智老人设计了社区医院与介护老年居住组团相融合的医养结合介护公寓，以及兼具社区活动、介助老年组团、日间照料、幼儿照护、中医诊疗与短期服务于一体的社区服务与养老综合体，适老化、精细化设计到位，模型制作精美，整体设计深度、完成度非常高。

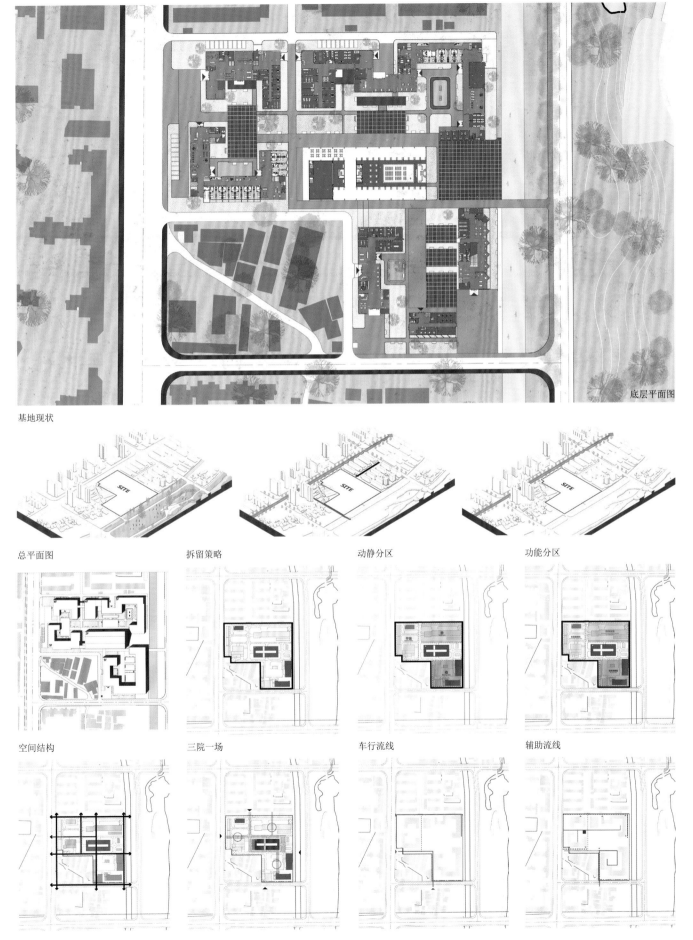

底层平面图

基地现状

总平面图　　　　　拆留策略　　　　　动静分区　　　　　功能分区

空间结构　　　　　三院一场　　　　　车行流线　　　　　辅助流线

6 | 附录

- 设计任务书
- 联合工作坊活动

旧城新"院"——集体记忆下的健康社区养老模式与空间解析

Renovation of the enterprise DANWEI courtyard　Healthy community pension model and spatial analysis from the collective memory

礼堂

中心场

生活商业院

6.1　设计任务书

新·旧之间：老城区社区中的颐老"院儿"
——城市社区·老年综合福祉服务中心任务书

一、场地选择

1. 基地应选在城区，有一定历史的企业或事业单位的老社区，有一定数量的老旧建筑（部分保留），单位有养老需求或开发意向。

2. 场地总用地面积为 2 万～3 万平方米，容积率为 1.5 左右。

注：武汉市区基地和沈阳市区两处基地。

二、设计要求

1. 设计过程：从策划、规划、建筑空间和福祉产品的精细化设计等不同阶段有所侧重，展开设计研究，打造一个与周边社区融合、创新养老模式的老年综合福祉服务中心（要求接纳健康老人和失能、失智老人）。

2. 功能要求：提供老年人居住、食堂、护理、医疗康复、活动中心等医养结合的主要功能；老年大学、幼儿园、社区中心、便利店等社区服务配套功能；精品酒店、超市、培训等商业功能。

3. 改扩建要求：对原场地内主要建筑进行改建、扩建和新建，综合考量城市地域、人文、气候、行为需求等因素，打造与社区生活相融合的老年综合福祉服务中心，以满足老年人生活、医疗、文体活动等身心健康要求。

三、研究分析专题

1. 运营与设计
2. 适老环境与行为
3. 适老空间特色
4. 精细化设计
5. 人体工效与产品
6. 其他

四、设计成果

1. 规划设计
（1）总平面图 1：1000
（2）相关规划结构与分析图 1：1000
（3）技术经济指标（建筑面积、容积率、建筑密度、绿地率、高度等）

2. 建筑单体
（1）各层平面图 1：200
（2）剖面图（不少于两个）1：200，立面图（不少于两个）1：200
（3）主要空间表现图（室内、室外均有）
（4）基本分析图（日照分析、场地组织模式、空间模式、结构模式等）
（5）养老研究专题分析图

3. 社区环境室内外空间细节设计（任选其一）
（1）社区外部空间环境适老性设计（局部）
（2）适老性室内环境精细化设计
（3）老年公寓空间单元（厨、卫、卧室等）的福祉产品设计

4. 其他成果
4.1　手工模型
（1）场地模型 1：1000
（2）建筑模型 1：100 或 1：200
（3）老年公寓居住单元或建筑局部空间模型（带家具及室内隔断，表达结构及尺度）不小于 1：50
（4）过程模型若干，比例自定
4.2　工作手册（外文文献、场地及实例调研或分析报告，各阶段成果汇总及 PPT）
4.3　展板图纸及答辩演示文件

旧城新"院"——集体记忆下的健康社区养老模式与空间解析

Renovation of the enterprise DANWEI courtyard　Healthy community pension model and spatial analysis from the collective memory

学校名称	指导老师	参与学生
北京工业大学	胡惠琴、李翔宇	盛　励、戴　翎、丁　晔
北京建筑大学	林文浩、郝晓赛	吴项鑫、李　彤、曹予童、侯天艳、雷黄景、侯珈明
重庆大学	王　琦	宋雅楠、王　逍、汪　佳、刘大豪、梁思齐、于　沐
东北大学	曲　艺	黄楚琦、王允嘉、宋晓宇、陈　超
大连理工大学	周　博、刘九菊	李劼威、段　辉、金淏文、江宇薇、李卉馨、宋　丹、吴同欢、王振羽
哈尔滨工业大学	卫大可、连　菲	宋子琪、何煜婷、杨梓涛、李贵超、梁　晗、万　鑫、林莹珊、陈　殷、吴家璐、张　岳、白　杨、弓　成
河北工业大学	舒　平、张　萍、严　凡	付子慧、许家铖、高鹏程、卜笑天
华中科技大学	刘　晖、谭刚毅、白晓霞	陈恩强、余苗苗、吕洁蕊、姚雨朦、陈金妮、朱勇杰、刘洪君
西安建筑科技大学	李志民、张　倩、石　英	王子恒、张懿文、岐　麟、周凯喻、张瑾慧、胡宇琪、贾　薇、黄　欢
西南交通大学	祝　莹、戚　立	陈梅一、王威力、周星呈、李　颖
清华大学	程晓喜	李榕榕、梅自涵、余凌欣
沈阳建筑大学	王　飒、张　圆、付　瑶	高　腾、迟　铭、宋佳佳、薛佳彤、张家瑞、张晓宇

6.2　联合工作坊活动

图 1

图 2

图 3

图 4

图 5

图 6

图 7

图 8

旧城新"院"——集体记忆下的健康社区养老模式与空间解析

Renovation of the enterprise DANWEI courtyard   Healthy community pension model and spatial analysis from the collective memory

图 9

图 10

图 11

图 12

图 1～图 5　课程教学
图 6～图 8　实地调研
图 9～图 12　汇报答辩

致　谢

　　这本书得以顺利出版得到了各方面的帮助，在此表示衷心感谢，包括参加此次大健康领域建筑联合毕业设计的来自全国十二所高校的全体师生、武汉市福利院、武汉青山区楠山福利院、武汉江汉区福利院和中国建筑学会适老性建筑学术委员会，确保了联合毕业设计中关于福祉类建筑设计的选题、参观、体验、论坛及公开评图的圆满成功。

　　如果没有华中科技大学建筑与城市规划学院的陈雅雯、黄超凡、曹舒宜及何佩玲等同学对于书籍排版的支持，以及中国建筑工业出版社全体员工的努力，就没有本书的问世。

图书在版编目（CIP）数据

旧城新"院"：集体记忆下的健康社区养老模式与空间解析 = Renovation of the enterprise DANWEI courtyard:Healthy community pension model and spatial analysis from the collective memory / 刘晖，谭刚毅主编 . —北京：中国建筑工业出版社，2021.7
ISBN 978-7-112-26135-2

Ⅰ. ①旧…　Ⅱ. ①刘… ②谭…　Ⅲ. ①老年人住宅 – 建筑设计 – 研究　Ⅳ. ① TU241.93

中国版本图书馆 CIP 数据核字（2021）第 084000 号

责任编辑：李成成
责任校对：张　颖
封面设计：陈雅雯　雅盈中佳
版式设计：陈雅雯　雅盈中佳

旧城新"院"——集体记忆下的健康社区养老模式与空间解析
Renovation of the enterprise DANWEI courtyard
Healthy community pension model and spatial analysis from the collective memory
刘　晖　谭刚毅　主编
*
中国建筑工业出版社出版、发行（北京海淀三里河路 9 号）
各地新华书店、建筑书店经销
北京雅盈中佳图文设计公司制版
北京利丰雅高长城印刷有限公司印刷
*
开本：880 毫米 ×1230 毫米　1/16　印张：10¾　字数：342 千字
2021 年 5 月第一版　2021 年 5 月第一次印刷
定价：**138.00** 元
ISBN 978-7-112-26135-2
（37727）